CLV

Werner Gitt

# SCHUF GOTT DURCH EVOLUTION?

clv
Christliche
Literatur-Verbreitung e. V.
Postfach 1803 · 4800 Bielefeld 1

Der Autor: Prof. Dr.-Ing. *Werner Gitt,* 1937 in Raineck/ Ostpr. geboren, 1963–1968 Ingenieurstudium an der Technischen Hochschule Hannover, 1970 Promotion an der TH Aachen zum Dr.-Ing., seit 1971 Leiter der Datenverarbeitung bei der Physikalisch-Technischen Bundesanstalt (PTB) in Braunschweig, 1978 Direktor und Professor bei der PTB, zahlreiche wissenschaftliche Originalarbeiten aus den Bereichen Informatik, numerische Mathematik und Regelungstechnik.

WORT UND WISSEN - Taschenbuch Wissenschaft

ISBN 3-7751-1391-6 (hänssler)
ISBN 3-89397-124-6 (CLV)
Lizenzausgabe CLV, Christliche Literaturverbreitung,
Postfach 18 03, 4800 Bielefeld 1
Umschlaggestaltung: Dieter Otten
Satz: Hänssler-Verlag/Typo Schröder, Dernbach
Druck und buchbinderische Verarbeitung: Elsnerdruck, Berlin

# Inhaltsverzeichnis


**1. Einleitung** 7

**2. Die Wissenschaftsfrage** 9
- 2.1 Grundlagen der Wissenschaftstheorie 9
- 2.2 Basissätze der Evolutionslehre 14
- 2.3 Basissätze der Schöpfungslehre 18
- 2.4 Basissätze der Theistischen Evolution 25
- 2.5 Einige Konsequenzen 26

**3. Beiträge zur Anthropologie** 29
- 3.1 Die Herkunft des Menschen (EW1) 29
- 3.2 Die Herkunft der menschlichen Sprache (EW2) 32
- 3.3 Die Herkunft der Geschlechter (EW3) 35
- 3.4 Die Herkunft der Ehe (EW4) 37
- 3.5 Die Herkunft des Todes (EW5) 39
- 3.6 Die Herkunft der Religionen (EW6) 47
- 3.7 Das sog. »Biogenetische Grundgesetz« (EW7) 50
- 3.8 Die Wesensstruktur des Menschen (EW8) 52
- 3.9 Das Verhalten des Menschen (EW9) 55

**4. Beiträge zur Astronomie** 58
- 4.1 Die Herkunft des Universums (EW10) 58
- 4.2 Die Zukunft des Universums (EW11) 63
- 4.3 Das Zentrum des Universums (EW12) 64

**5. Beiträge zur Biologie** 66
- 5.1 Das erste Leben auf der Erde (EW13) 66
- 5.2 »Ein jegliches nach seiner Art« (EW14) 68
- 5.3 Die Ernährung der Tiere (EW15) 71
- 5.4 Unterschiede zwischen menschlichem und tierischem Leben (EW16) 73

**6. Beiträge zur Informatik** 77
6.1 Was ist Information? Die Sicht der Informatik (EW17) 77
6.2 Was ist Information? Die Sicht der Bibel (EW18) 81
6.3 Was ist Leben? Die Sicht der Evolutionslehre 82
6.4 Was ist Leben? Die Sicht der Informatik (EW19) 85
6.5 Was ist Leben? Die Sicht der Bibel (EW20) 88
6.6 Die Herkunft der biologischen Information und des Lebens 90

**7. Fortwährender Evolutionsprozeß oder vollendete Schöpfung?** 95

**8. Die Auswirkungen der Theistischen Evolutionslehre** 98
8.1 *Gefahr Nr. 1:* Die Preisgabe zentraler Aussagen der Bibel 98
8.2 *Gefahr Nr. 2:* Die Verdrehung des Wesens Gottes 101
8.3 *Gefahr Nr. 3:* Der Verlust des Schlüssels, um Gott zu finden 104
8.4 *Gefahr Nr. 4:* Die Menschwerdung Gottes wird relativiert 105
8.5 *Gefahr Nr. 5:* Die Relativierung des Erlösungswerkes JESU 106
8.6 *Gefahr Nr. 6:* Gott wird zum Lückenbüßer unverstandener Phänomene 107
8.7 *Gefahr Nr. 7:* Der Verlust des biblischen Zeitmaßstabes 110
8.8 *Gefahr Nr. 8:* Die Fehldeutung der Wirklichkeit 113
8.9 *Gefahr Nr. 9:* Der Verlust des Schöpfungsdenkens 115
8.10 *Gefahr Nr. 10:* Das Ziel wird verpaßt 117

**Literatur** 121

**Namenregister** 127

# 1. Einleitung

*1. Situation und Leserkreis:* Die Evolutionslehre stellt heute eine so weit verbreitete Denkrichtung dar, daß man sie zur alles umfassenden, ja einigenden Philosophie des 20. Jahrhunderts erklären könnte. Auch Sachgebiete, in denen jede Evolution wesensfremd erscheint, haben den Gedanken der Selbstorganisation vom Einfacheren zum Höheren übernommen und ihn willkürlich aufgepfropft. So spricht ein Großrechnerhersteller fälschlicherweise von der »Evolution der Computer«, obwohl die heutigen leistungsstarken Systeme das Ergebnis intensiver Forschungsarbeit und genialen Erfindergeistes sind. Sie wurden mit klarer Zielvorgabe geplant, konstruiert und hergestellt; sie sind also keinesfalls evolviert. Auch die Theologie blieb nicht unberührt von dem Evolutionsgedanken und hat ihn sogar in die Bibelauslegung hineingetragen.

Nachfolgend wollen wir zeigen, warum evolutionistisches Gedankengut der Bibel zutiefst fremd ist. So richtet sich dieses Buch in erster Linie an Christen, die die theistische Evolutionsvariante als Denkmöglichkeit ansehen. Darüber hinaus ist es so konzipiert, daß auch dem christlichen Glauben noch skeptisch Gegenüberstehende eine Entscheidungshilfe finden.

*2. Vorgehensweise:* Den wissenschaftstheoretischen Voraussetzungen ist ein eigenes Kapitel gewidmet. Der Leser soll damit in die Lage versetzt werden, zu erkennen, welche Basissätze er automatisch übernimmt, wenn er sich entweder für die Schöpfungs- oder Evolutionslehre entscheidet. Bewußt wird im Text das Wort »Evolution*theorie* nicht verwendet, da es sich nach wissenschaftstheoretischen Maßstäben nicht um eine Theorie, sondern um eine naturphilosophische Lehrauffassung handelt. Ebenso reden wir nicht von »Schöpfungs*theorie*«, sondern von einer Lehre, die der Bibel entlehnt ist. Die Schöpfungsforschung will aus der gegebenen Wirklichkeit Modelle ableiten, die von biblischen Basissätzen ausgehen. Näheres zu dieser Vorgehensweise ist in dem Buch *»Schöpfung und Wissenschaft«* [E2] ausgeführt. Insgesamt sind in diesem Buch in zwanzig Einzelbeiträgen Einwände (EW1 bis EW20) gegen die theistische Evolutionslehre dargelegt. Neben aller berechtigten Kritik zum Evolutionssystem tritt in der neueren Literatur immer deutlicher das alternative Schöpfungsmodell zu Tage, wie z. B. in [B4, E2, G3, G5, G7, J2, P1]. Auch in diesem Buch wird immer wieder auf diese tragfähige Alternative hingewiesen. Soweit es durchführbar war, wurden die Einwände nach folgender Gliederung bearbeitet:

1. Aussagen der Evolutionslehre
2. Wissenschaftliche Einwände gegen diese Aussage
3. Biblische Einwände gegen die Evolutionsaussage.

Als Informatiker gibt der Autor dem 6. Kapitel »Beiträge zur Informatik« ein besonderes Gewicht, weil die hier erarbeiteten Darlegungen zum Informationsbegriff auch ein Nichtinformatiker wohl leicht nachvollziehen kann. Im letzten Kapitel werden die wissenschaftlichen und biblischen Einwände zur Evolutionslehre auf zehn Gefahren focussiert, denen man sich mit der theistischen Evolutionslehre aussetzt. Der antibiblische Charakter einer solchen Denkweise, die durch zahlreiche Zitate belegt wird, mag dem Leser sichtbar werden.

*3. Dank:* Das Manuskript wurde von Prof. Dr. Dr. *Horst W. Beck* (Röt), *Reinhard Junker* (Röt) und Dr. *Jan Kaminski* (Zorneding) kritisch durchgesehen. Für alle mir gegebenen Hinweise und Ergänzungen bin ich sehr dankbar.

# 2. Die Wissenschaftsfrage

## 2.1 Grundlagen der Wissenschaftstheorie

Die Wissenschaftstheorie befaßt sich mit den Möglichkeiten und Grenzen wissenschaftlicher Erkenntnis. Sie diskutiert die Basissätze einer Theorie, erörtert die anzuwendenden Methoden der Wissensgewinnung und möchte ein Instrumentarium zur Beurteilung der Gültigkeit wissenschaftlicher Aussagen liefern. Einige grundlegende wissenschaftstheoretische Aussagen (W1 bis W11), die auch in unserem Zusammenhang von Bedeutung sind, sollen hier erörtert werden:

**W1:** *Jede Theorie verlangt apriorische Voraussetzungen (Basissätze),* deren Gültigkeit nicht bewiesen werden kann. Diese Basissätze liefert nicht die Natur mit, sie sind darum von metaphysischer (griech. *metà tá physiká = nach* der Physik; hier: unabhängig von Naturbeobachtungen) Art. Sie werden durch Konvention anerkannt. Zu diesen notwendigen Anfangsbedingungen äußert sich *W. Stegmüller* [S4, 33]: »Man muß nicht das Wissen beseitigen, um dem Glauben Platz zu machen. Vielmehr muß man bereits etwas glauben, um überhaupt von Wissen und Wissenschaft reden zu können.«

**W2:** *Die Basissätze sind willkürliche Festsetzungen*, die dem Autor plausibel erscheinen. Die Basissätze eines Theoriensystems vergleicht der bekannte Wissenschaftstheoretiker *Karl R. Popper* mit dem Beschluß der Geschworenen im Strafrechtssystem. Der Beschluß bildet die Basis für die Anwendung im konkreten Vorgang, wobei gemeinsam mit den Sätzen des Strafrechts gewisse Folgerungen deduziert werden. Dabei muß der Beschluß nicht unbedingt wahr sein;

er kann durch ein entsprechendes Verfahren aufgehoben oder revidiert werden. *Popper* führt aus [P4, 75]: »Ebenso wie im Fall des Geschworenengerichts eine Anwendung der Theorie ohne vorhergehende Festsetzung undenkbar ist und die Festsetzung des Wahrspruches bereits zur Anwendung der allgemeinen gesetzlichen Bestimmungen gehört, so steht es auch mit den Basissätzen: Ihre Festsetzung ist bereits Anwendung und ermöglicht erst die weiteren Anwendungen des theoretischen Systems. So ist die empirische Basis der objektiven Wissenschaft nichts ›Absolutes‹; die Wissenschaft baut nicht auf Felsengrund. Es ist eher ein Sumpfland, über dem sich die kühne Konstruktion ihrer Theorien erhebt; sie ist ein Pfeilerbau, dessen Pfeiler sich von oben her in den Sumpf senken – aber nicht bis zu einem natürlichen, ›gegebenen‹ Grund. Denn nicht deshalb hört man auf, die Pfeiler tiefer hineinzutreiben, weil man auf eine feste Schicht gestoßen ist: wenn man hofft, daß sie das Gebäude tragen werden, beschließt man, sich vorläufig mit der Festigkeit der Pfeiler zu begnügen.«

**W3:** *Die an den Anfang gestellten Basissätze dürfen sich nicht untereinander widersprechen* (Widerspruchsfreiheit).

**W4:** *Der Widerspruch konkurrierender Theorien liegt* – abgesehen von Meß- und Beobachtungsfehlern – *nicht an den Fakten, sondern an den unterschiedlichen Basissätzen.*

**W5:** *Die Basissätze sind objektiv kritisierbar und auch verwerfbar.* Wie gut die Basissätze zweier konkurrierender Systeme sind, zeigt sich an der praktischen Bewährung und den daraus abgeleiteten Theorien.

**W6:** *Der Erfolg einer Theorie ist dennoch keine Garantie für ihre Richtigkeit:* »Theorien sind somit niemals empirisch verifizierbar« (*K. Popper* [P4, 14]). Nach *Popper* ist Konsistenz kein Wahrheitskriterium, Inkonsistenz jedoch ein Falschheitskriterium. Kein theoretischer Allsatz (z. B. »Alle Schwäne sind weiß«) kann – auch nicht durch noch so viele Prüfungen – verifiziert werden. Theorien können sich nur bewähren und besitzen nur so lange eine vorläufige Geltung, als nicht ihre Falsifikation anhand der Erfahrungswirklichkeit («das Auftreten eines einzigen schwarzen Schwans«) und ihr Ersatz durch eine neue, bessere Theorie geschieht.

**W7:** *Ein empirisches Wissenschaftssystem muß die Nachprüfung durch Erfahrung erlauben.* Als Kriterium schlägt *Popper* nicht die Verifizierbarkeit, sondern die Falsifizierbarkeit vor, d. h., die logische Form des Systems muß es ermöglichen, dieses auf dem Wege der methodischen Nachprüfung negativ auszuzeichnen [P4, 15]: »Ein empirisch-wissenschaftliches System muß an der Erfahrung scheitern können.« Ein einziges Gegenbeispiel durch Experiment oder Beobachtung genügt also, um eine Theorie in der bisherigen Form zu Fall zu bringen. Eine gute Theorie ist demnach so angelegt, daß sie möglichst leicht verletzbar ist. Wenn sie bei solch offener Formulierung dem Kreuzfeuer aller Kritik stets standhalten kann, hat sie sich bewährt. Nach »unendlichem« Bewährungsregreß wird die Theorie zum Naturgesetz. Der Energiesatz der Physik ist ein Paradebeispiel für eine äußerst angriffsfähig formulierte Theorie, denn ein einziges unerwartetes Versuchsergebnis würde genügen, um den Satz zu Fall zu bringen. Da dies nie gelungen ist, hat sich der Energiesatz in ständiger Erprobung bewährt. Er ist damit ein besonders wirkungsvoller Satz, der in der gesamten Realwissenschaft und Technik von grundlegender Bedeutung ist. Eine Theorie, die sich gegen Falsifikation absichert – also nicht verletzbar ist –, ist wissenschaftlich belanglos. Sie gibt dann nur eine philosophische Auffassung wieder. *Popper* definiert darum die »Wirklichkeitswissenschaften« wie folgt [P4, 256]: »Insofern sich die Sätze einer Wissenschaft auf die Wirklichkeit beziehen, müssen sie falsifizierbar sein, und insofern sie nicht falsifizierbar sind, beziehen sie sich nicht auf die Wirklichkeit.«

**W8:** *Wegen prinzipieller Unterschiede ist es notwendig, zwischen Struktur- und Realwissenschaften und historisch-interpretierenden Wissenschaften zu unterscheiden.* Dies ist in [P5, 112ff] ausführlich behandelt.

**W9:** *Im Gegensatz zu den Sätzen der Strukturwissenschaften (Mathematik, Informatik) sind alle Sätze der empirischen Wissenschaften nicht beweisbar*, sondern nur mehr oder weniger stark bewährt: »Alles Wissen ist nur Vermutungswissen. Die verschiedenen Vermutungen oder Hypothesen sind unsere intuitiven Erfindungen. Sie werden durch Erfahrung, durch bittere Erfahrung, ausgemerzt und damit wird ihre Ersetzung durch bessere Vermutungen angeregt: darin und allein darin besteht die Leistung der Erfahrung für die Wissenschaft« (*K. R. Popper* [P4, 452]). Weiterhin sagt *Popper*: »Sicheres Wissen ist uns versagt. Unser Wissen ist ein kritisches Raten, ein Netz von Hypothesen, ein Gewebe von Vermutungen.« [P4, 223]: »Wir wissen nicht, sondern wir raten. Und unser Raten ist geleitet von dem unwissenschaftlichen, metaphysischen Glauben, daß es Gesetzmäßigkeiten gibt, die wir entschleiern, entdecken können.«

**W10:** *Um eine Theorie aufstellen zu können, muß mindestens ein praktisch nachvollziehbares Beispiel (Experiment oder Beobachtung) vorliegen.* Die aus der aufgestellten Theorie abgeleiteten Sätze müssen testfähig (verwerffähig durch Falsifizierung!) sein. Eine Theorie kann sich um so besser bewähren, je gründlicher sie nachprüfbar ist.

**W11:** *Eine Theorie muß Voraussagen erlauben.* Die Bestätigung solcher Voraussagen ist die Vorbedingung für die Anerkennung einer Theorie.

Im folgenden wollen wir die wesentlichen erkenntnistheoretischen Basissätze für Schöpfungs- und Evolutionslehre sowie für die theistische Evolutionsvariante zusammenstellen. Es wird daran sofort einsichtig, daß die beiden Auffassungen so stark divergieren, daß eine Harmonisierung völlig unmöglich ist. Das bringt uns unweigerlich in eine Entscheidungssituation. In den folgenden Kapiteln 3 bis 6 wollen wir den Nachweis erbringen, daß die Beobachtungen und Fakten der Realwissenschaften durch das Schöpfungsmodell stichhaltiger zu erklären sind.

## 2.2 Basissätze der Evolutionslehre

Die folgenden Basissätze (E1 bis E11) findet man in evolutionstheoretischen Arbeiten leider nur selten explizit vorangestellt, obwohl die genannten Arbeitsergebnisse sehr grundlegend davon abhängen. Sie sind oft nur implizit enthalten oder werden unterstellt, so daß der Leser oft nur schwer entscheiden kann, ob die Aussagen aus den Beobachtungsdaten folgen oder ob die vorausgesetzten Basissätze als Ergebnisse interpretiert werden. Umso bedeutungsvoller erscheint es uns darum, die wichtigsten Basissätze einmal explizit zusammenzutragen:

**E1**: *Das Grundprinzip Evolution wird vorausgesetzt.* Der Evolutionstheoretiker *F. M. Wuketits* schreibt [W5, 11]: »Wir setzen die prinzipielle Richtigkeit der biologischen Evolutionstheorie voraus, ja wir setzen voraus, daß die Evolutionslehre universelle Gültigkeit hat.«
Definition der biologischen Evolution nach *Siewing* [S3, 171]: »Der Kern der Evolutionstheorie besteht in der Aussage, daß alle systematischen Kategorien letztlich miteinander verwandt und somit alle bekannten Organismen auf einen gemeinsamen Vorfahren zurückführbar sind.«

**E2:** *Evolution ist ein universales Prinzip*: »Das Entwicklungsprinzip gilt nicht nur für den Bereich der belebten Natur. Es ist weit umfassender. Es ist, deutlicher gesagt, das umfassendste denkbare Prinzip überhaupt, denn es schließt den gesamten Kosmos ein... Alle Wirklichkeit, die uns umgibt, hat historischen, sich entwickelnden Charakter. Die biologische Evolution ist nur ein Teil des universalen Prozesses« (*Hoimar v. Ditfurth* [D3, 22]).

**E3:** *Diese Welt einschließlich aller Erscheinungsformen des Lebens hat eine ausschließlich materielle Basis.* Daraus folgt: Die Herkunft des Lebens ist ausschließlich im Bereich des

Materiellen zu suchen. Eine geistige Urheberschaft für die Materie selbst wie auch für das Leben ist darum auszuschließen. »Diese Auffassung befreit uns von der Schwierigkeit, annehmen zu müssen, daß im Laufe der Entwicklung unserer Erde erst nach Beginn der tierischen Stammesgeschichte sich irgendwann und irgendwoher etwas immaterielles Psychisches eingestellt und gewissermaßen punktförmig bestimmten Hirnabläufen gesetzmäßig zugeordnet hat« (*B. Rensch* [R1, 235]).

**E4:** *Die Mechanismen der Prozesse für die Entstehung dieser Welt und allen Lebens sind unter denselben Gesetzen abgelaufen, wie die heute beobachtbare Realität.* (vgl. Basissatz S3 der Schöpfungslehre).

**E5:** *Die Evolution setzt Prozesse voraus, die eine Höherorganisation vom Einfachen zum Komplexen, vom Unbelebten zum Belebten, von niederen zu höheren Stammesformen erlaubt.* Diese Prozesse werden als »Selbstorganisation der Materie« bezeichnet. Als Ursache dafür werden die sog. Evolutionsfaktoren genannt: Zufall und Notwendigkeit, Mutation und Selektion, Isolation, Tod. Im Sinne von E5 definiert *B. Rensch* die Evolution von der Kosmologie bis zum Menschen [R1, 235]: »Die Evolution erweist sich als... kontinuierlicher Ablauf von der Entstehung des Sonnensystems und der Erde über die Herausbildung erster Lebensstufen, echter Lebewesen und zunehmend höher entwickelter Tiergruppen bis zum Menschen hin.« Ein ähnliches Bekenntnis legt *D. Pörschke* ab [K3, 100]: »Gerade weil wir den historischen Ablauf der molekularen Selbstorganisation nicht... rekonstruieren können, wird die Rolle des Zufalls und der Notwendigkeit bei diesem Prozeß auch in Zukunft ein faszinierendes Thema bleiben.« Zwei in E5 zwar enthaltene Aussagen wollen wir wegen ihrer Bedeutung als Unterbasissätze herausstellen:
**E5a:** *Mutation und Selektion sind die Motoren der Evolution« (K. Lorenz).*

Anmerkung: Gäbe es auch nur ein einziges Beispiel (Experiment oder Beobachtung), wie durch Mutation und Selektion (die Mechanismen als solche gibt es) eine neue Art oder ein neuer Bauplan - d.h. neue kreative Information - entsteht, so wäre E5a eine abgeleitete Theorie, nun aber wird er zum Basissatz.

**E5b:** *Der Tod ist ein unbedingt notwendiger Evolutionsfaktor.* Der Biologe *H. Mohr* betont [M2, 12]: »Gäbe es keinen Tod, so gäbe es kein Leben... An diesem Axiom der Evolutionstheorie führt kein Weg vorbei.«

**E6:** *Ein Schöpfer* (oder Synonyme wie Designer, planender Geist, Demiurg) *darf nicht ins Spiel gebracht werden.* Der Biochemiker *Ernest Kahane* formulierte es so (zitiert in [S2, 16]): »Es ist absurd und absolut unsinnig zu glauben, daß eine lebendige Zelle von selbst entsteht; aber dennoch glaube ich es, denn ich kann es mir nicht anders vorstellen.«

**E7:** *Es gibt keinen definierten Anfangs- und Endpunkt der Zeitachse.* Es kann darum jede beliebig notwendig erachtete, auch noch so lange Zeit für den Evolutionsprozeß angesetzt werden. In einem von Urknall zu Urknall schwingenden Universum wird E7 besonders offenkundig [W2, 16]: »Manche Kosmologen finden dieses Modell eines schwingenden Universums aus philosophischen Gründen anziehend, vor allem wohl, weil es das Problem der Genesis geschickt umgeht.« *Carsten Bresch* erhofft sich von der noch unbegrenzt zur Verfügung stehenden Zeit weitere evolutive Zufallstreffer [B6, 291]: »Wenn beliebig viel Zeit zur Verfügung steht, wird irgendwann irgendwie eine Einheit die nächste Stufe durch einen ›Sechser-Wurf‹ erreichen.«

**E8:** *Die Gegenwart ist der Schlüssel zur Vergangenheit.* Daraus folgt, daß heutige Beobachtungsdaten zeitlich beliebig weit rückwärts extrapoliert werden können. Beispiele: Aus der heutigen Abtragungsrate von 0,15 mm/Jahr wird das

Alter des Grand Canyon in Arizona zu 10 Millionen Jahren errechnet. Aus dem heutigen Meßwert der Expansion des Universums in Form der *Hubble*-Konstanten ergibt die Rückrechnung auf einen Urknallpunkt 18 Milliarden Jahre. Der Astronom *O. Heckmann* kritisiert diesen »merkwürdigen Sport« und bezeichnet ihn als ein Berechnen mit »fröhlicher Unbekümmertheit« [H4, 90].

**E9:** *In der Evolution gibt es weder einen Plan noch ein Ziel.* Für die Zweckmäßigkeiten im Bereich des Organischen darf keine Ursache angegeben werden, weil dadurch ein Schöpfer impliziert würde: »Für Zweckmäßigkeit in Bau und Leben aller Organismen... braucht kein geheimnisvolles richtendes Prinzip angenommen zu werden, ...und es war zu ihrer Entstehung auch kein weiser Schöpfer notwendig« (*B. Rensch* [R1, 66]). Andere Zitate weisen in dieselbe Richtung: »Es gibt keine aus der Zukunft wirkenden Ursachen und damit kein im voraus festliegendes Ziel der Evolution« *(H. v. Ditfurth)*. »Niemals verlaufen die Anpassungen in der Evolution aufgrund eines Programmes zielgerichtet, deshalb können sie auch nicht als teleonomisch bezeichnet werden« (*H. Penzlin* [P2, 19]).

**E10:** *Der Übergang vom Unbelebten zum Belebten ist fließend.* Die kontinuierliche Entwicklung von einfachen Atomen und Molekülen bis hin zum Menschen wird als gleitender Übergang von »Muster zu Muster« angesehen: »Der fließende Übergang (vom Unbelebten zum Belebten) ist für eine reduktionistische Erklärung geradezu Voraussetzung« (*B.-O. Küppers* [K4, 200]).

**E11:** *Evolution ist ein noch in weiter Zukunft anhaltender Vorgang:* »Der so zum Monon werdende Planet tritt endgültig in die intellektuelle Phase der Evolution, deren weiteren Verlauf wir nur erahnen können... Vom Chaos zu einem intellektuellen, intergalaktischen Übermuster weist der Pfeil dieser Entwicklung, deren winziger Teil ein jeder von uns ist« (*Carsten Bresch* [B6, 265+293]).

*Hinweis:* Es fällt auf, daß die als grundlegend hingestellten *Ergebnisse* der Evolutionslehre nicht die Schlußfolgerungen aus Messungen und Beobachtungen darstellen, sondern allzu oft das System der Voraussetzungen beschreiben. Im Rahmen der Ursprungsmodelle sind hier nur solche Theorien erlaubt, die in das Evolutionskonzept passen (Evolutionäre Erkenntnistheorie!). Sir *Arthur Keith* faßte dieses Vorgehen in die folgenden Worte: »Die Evolution ist unbewiesen und unbeweisbar. Wir glauben aber daran, weil die einzige Alternative dazu der Schöpfungsakt eines Gottes ist, und das ist undenkbar.«

*Zum Schriftverständnis der Bibel aus der Sicht der Evolutionslehre:* Es gibt keinen persönlichen Gott. Die Bibel ist darum *von* Menschen und *für* Menschen geschrieben wie jede sonstige Dichtung der Weltliteratur. Sie bewegt sich im Gedankenkreis ihres Herstellungsgebietes und ihrer Entstehungszeit und kann darum auch keinen Anspruch auf Wahrheit oder gar Autorität erheben.

## 2.3 Basissätze der Schöpfungslehre

Die folgenden Basissätze der Schöpfungslehre bilden die Grundlage zur Theorien- und Modellbildung in den verschiedenen Wissenschaftszweigen. Manche Sätze sind trotz ihrer Selbstverständlichkeit formuliert worden, um dadurch gängigen Klischeevorstellungen vorzubeugen.

**S1:** *Es gibt einen Schöpfer.* Dieser Schöpfer ist der Gott der Bibel. Wenn die Bibel mit der Feststellung »Am Anfang schuf Gott Himmel und Erde« beginnt, dann entspricht das einem Basissatz in unserem Sinne. Gott ist nicht der Lückenbüßer unverstandener naturwissenschaftlicher Phänomene, sondern der Urheber *aller* Dinge – unabhängig davon, ob wir sie schon wissenschaftlich verstanden haben oder nicht. Würde man nur jene Phänomene, die (noch) nicht erklärbar sind, als Hinweis auf den Schöpfer verwenden, so wären alle erklärbaren ein Kriterium für die Abwesenheit Gottes. Mit zunehmendem wissenschaftlichen Kenntnisstand würde Gott immer weiter »hinauserklärt« (vgl. Kap. 8.6).

**S2:** *Die Naturgesetze sind unsere Erfahrungsregeln mit der Materie, wie sie sich ständig wiederholen und nach denen die jetzige Schöpfung in all ihren Details funktioniert.* Sie sind etwas schöpfungsmäßig Gesetztes und bilden die Grenzsteine eines Freiraumes, innerhalb derer die Abläufe garantiert und im allgemeinen sogar vorausberechenbar ablaufen (z. B. Fallgesetz, chemische Reaktionsgesetze). Dieser Freiraum markiert sowohl mögliche Vorgänge zur freien Gestaltung (Technik) als auch unmögliche Geschehnisse (z. B. kein Stein fällt allein nach oben; keine Maschine arbeitet ohne Energiezufuhr). Auch die materiellen Vorgänge in den lebenden Strukturen unterliegen sämtlich diesen definierten Rahmenbedingungen.

**S3:** *Das Erschaffungshandeln Gottes in der Schöpfung ist mit Hilfe der Naturgesetze weder erklärbar noch in diesem begrenzten Rahmen deutbar.* Der Schöpfungsvorgang selbst ist ein singuläres Ereignis, bei dem die heute gültigen Naturgesetze erst ins Dasein kamen. Über die Mauer unserer Unwissenheit bezüglich des Schöpfungshandelns können wir nur so weit blicken, wie es uns Gott durch sein Wort gewährt. Das aber, was uns Gott in der Schrift offenbart hat, ist darum grundlegende und unverzichtbare Information, die auf anderem Wege nicht gewonnen werden kann.
*Begründung:* Am Beispiel des bekannten Energieerhaltungssatzes, der besagt, daß in unserer Welt Energie weder aus dem Nichts gewonnen noch vernichtet werden kann, wird der obige Satz einleuchtend. Die Herkunft der im Weltall instal-

lierten Energie kann mit keinem unserer bekannten Naturgesetze beschrieben werden. Der Schöpfungsvorgang selbst lief demnach außerhalb der jetzt gültigen Gesetzmäßigkeiten ab. Dem Basissatz E4 der Evolutionslehre wird durch S3 widersprochen.
*Analogie:* Zu dem Erschaffungshandeln in der Schöpfung gibt es eine Analogie bei der Entstehung der Bibel. Ist der Schöpfungsvorgang nicht durch die Naturgesetze erklärbar, so sind unsere wissenschaftlichen Methoden ebenso unzureichend, um die Herkunft des Wortes Gottes historisch, textkritisch oder archäologisch zu ergründen. Das uns nicht zugängliche Handeln Gottes bei der Entstehung der Bibel (Jes 55,8-9) können wir darum auch nur soweit verstehen, wie uns Gott selbst in seinem Wort Einblick dazu gewährt.

**S4:** *Zum Verständnis des ursprünglich Geschaffenen gelangen wir nur durch eine biblische Denkweise.* Es liegt im Wesen der Schöpfung begründet, daß wir unsere heute gültigen Naturgesetze nicht bis in die Sechs-Tage-Zeit des Erschaffens extrapolieren dürfen. Die Denkweise unserer jetzigen Erfahrung versagt, um soeben Erschaffenes richtig zu beurteilen.
*Beispiele:* Alle erwachsenen Menschen durchlaufen eine Zeit der Kindheit. Adam wurde jedoch nicht als Baby geschaffen, sondern als fertiger ausgewachsener Mann. Weil in seinem Leben keine Kindheit existierte, darf auch nicht in diese aufgrund unserer jetzigen Erfahrungswirklichkeit unterstellte Zeitspanne extrapoliert werden. Ebenso waren die Sterne trotz riesiger Entfernungen von Anfang an sichtbar. Die Bäume wurden nicht als Sämlinge erschaffen; sie waren ohne Durchlaufen einer Wachstumsperiode fertig. Die Vögel mußten nicht erst aus ihren Eiern schlüpfen und entsprechende Zeit heranwachsen. So findet auch die immer wieder gestellte Frage »Wer war früher da – Henne oder Ei?« vom biblischen Denken her eine eindeutige Antwort.

**S5:** *Zwecke verlangen einen Zielgeber.* Die Konzepte in der Schöpfung sind ein wichtiger Hinweis auf den Schöpfer (Röm 1,19-20). Sie geben Zeugnis von der Weisheit (Genialität, Intelligenz, Ideenreichtum; Kol 2,3) und Allmacht (Ps 19,2) des Schöpfers; sie erschließen uns aber nicht seine weiteren für den Glauben notwendigen Wesensmerkmale (wie Liebe, Barmherzigkeit, Güte) und Funktionen (wie Retter, Heiland, Tröster).
Im Sinne von S5 argumentieren z. B. folgende Autoren: »Man stelle sich vor, die Raumfahrer hätten auf dem Mond ein goldenes Kalb gefunden oder Tiefseeforscher wären auf vorher unzugänglichem Meeresgrund auf eine Venusstatue gestoßen. Selbst wenn sie die Inschrift trügen: *sculpsit evolutio*(die Evolution hat's gebildet), hielte ich es für wahrscheinlicher, daß hier intelligente Wesen am Werk gewesen wären, als anzunehmen, Zufall und Notwendigkeit hätten das hervorgebracht« (*L. Oeing-Hanhoff* [O1, 63]). Der Physiologe *H. Schaefer* bemerkt [P2, 12]: »Zwecke verfolgt nur eine planende Intelligenz... Der Begriff der Zweckmäßigkeit setzt also von vornherein den einer konstruktiven Intelligenz voraus.«
*Anmerkung:* Der Verdeutlichung der genialen Konzeptionen in der Schöpfung (insbesondere bei den Lebewesen) kommt daher eine besondere Bedeutung zu. Diese biblisch bezeugte Schlußfolgerung von der Schöpfung auf den Schöpfer mit dem Ergebnis »Sie wußten, daß ein Gott ist« (Röm 1,21a) darf nicht mit den menschlich ersonnenen philosophischen Gottesbeweisen verwechselt werden. Gotteserkenntnis (ebenso Christuserkenntnis) geschieht ansonsten nur durch sein Wirken im biblischen Wort Gottes: Verkündigung in Wort und Schrift (Röm 10,17; Offb 1,3) und persönliches Zeugnis von Gläubigen (Apg 1,8).

**S6:** *Die biblische Offenbarung ist der Schlüssel zum Verständnis dieser Welt.* Sie ist die grundlegende und durch nichts zu ersetzende Informationsquelle. Insbesondere bleibt die Gegenwart ohne die drei bezeugten Ereignisse der Vergangenheit *Schöpfung, Sündenfall* und *Sintflut* unerklärbar. Daraus folgen insbesondere fünf abgeleitete Unterbasissätze:

**S6a:** *Die Vergangenheit ist der Schlüssel zur Gegenwart.* Dieser Satz ist die Umkehrung zu dem Basissatz E8 der Evolutionslehre.

**S6b:** *Die Schöpfungsfaktoren erschließen sich nur durch den Glauben* (Hebr 11,3). Die verschiedenen Schöpfungsfaktoren sind an zahlreichen Stellen der Bibel bezeugt:

- durch das Wort Gottes: Ps 33,6; Joh 1, 1-4; Hebr 11,3
- durch die Kraft Gottes: Jer 10,12
- durch die Weisheit Gottes: Ps 104, 24; Spr 3,19; Kol 2,3
- durch den Sohn Gottes: Joh 1, 1-4; Joh 1,10; Kol 1, 15-17; Hebr 1,2b
- nach den Wesensmerkmalen JESU: Mt 11,29; Joh 10,11; Joh 14,27
- ohne Ausgangsmaterial: Hebr 11,3
- ohne Zeitverbrauch: Ps 33,6

**S6c:** *Der Tod ist eine Folge der Sünde der ersten Menschen* (1. Mo 2,17; 1. Mo 3,17-19; Röm 5,12; Röm 5,14; Röm 6,23; 1. Kor 15,21).

**S6d:** *Von den Auswirkungen des Sündenfalles des Menschen ist auch das gesamte Lebendige mitbetroffen* (Röm 8, 20+22). Die destruktiven Strukturen in der Biologie (z. B. Bakterien als Krankheitserreger, Parasitismus, Tötungsmechanismen bei Schlangen, Spinnen und Raubtieren, fleischfressende Pflanzen, Mühsal durch »Dornen und Disteln«) sind nicht losgelöst vom Sündenfall zu erklären. Ebenso hat die überall zu beobachtende Vergänglichkeit hierin ihre Ursache.

**S6e:** *Die heutige Geologie der Erde kann nicht ohne die Sintflut gedeutet werden.*

**S7:** *Es gibt einen definierten Anfangspunkt der Zeitachse.* Dieser ist durch 1. Mose 1,1 markiert. Zeit und Materie traten mit der Schöpfung in Existenz, und sie werden ebenso einen definierten Endpunkt haben (Offb 10,6 b). Das Alter der Schöpfung ist in seiner Größenordnung an die Existenz der Menschheitsgeschlechter gebunden (biblische Stammbäume), keineswegs aber im Bereich von Jahrmillionen oder -milliarden.

**S8:** *Es gibt einen deutlichen Unterschied zwischen Unbelebtem und Belebtem.* Es gilt der von *Pasteur* aufgestellte Satz: »Leben kann nur aus Leben kommen« *(omne vivum ex vivo).*

**S9:** *Die Erschaffung der Lebewesen (Grundtypen) ist abgeschlossen.* Die Erschaffung der Grundtypen aller Lebewesen («ein jegliches nach seiner Art«), wie sie in 1. Mose 1 bezeugt ist, ist mit dieser Schöpfungswoche abgeschlossen. Alle später aufgetretenen Veränderungen (z. B. Rassen) sind nur Varianten des bereits ursprünglich Geschaffenen.

Zur Arbeitsmethode in der Schöpfungsforschung:
**1.** *Das gesamte wissenschaftlich zugängliche Faktenmaterial wird verwendet.* Soweit es sich um Messungen und Beobachtungen handelt, werden sie mit dem gängigen wissenschaftlichen Instrumentarium bearbeitet.

**2.** *Biblische Aussagen sind nicht das Ergebnis der Schöpfungsforschung, sondern sie sind ihr Ausgangspunkt.* Die Ergebnisse der Schöpfungsforschung wollen nicht die Bibel beweisen, sondern zeigen, daß mit den aus der Bibel entnommenen Basissätzen die Fakten dieser Welt besser gedeutet werden können als mit dem evolutiven Ansatz.

**3.** *Es werden solche Theorien kritisch beurteilt, die eine Evolution voraussetzen.* Bei der Sichtung des wissenschaftlichen Ergebnismaterials (= Fakten + Deutung) ist deutlich zu unterscheiden zwischen dem rein Faktischen des belegbaren Datenmaterials und jenem Aussagenanteil, der aus den Basissätzen der Evolutionslehre stammt. Auch die im

Rahmen der Schöpfungsforschung gewonnenen Theorien sind kritisch zu hinterfragen und ggf. zu verbessern. Nicht hinterfragt werden die direkten Aussagen der Bibel.

**4.** *Unser Schriftverständnis zur Bibel:* Die von Gott geführten Menschen schrieben unter Anleitung des Heiligen Geistes (2. Petr 1,20-21; 2. Tim 3, 16). Gott überwachte das Niederschreiben der Urtexte bis in die Wahl der korrekten sprachlichen Ausdrucksweisen, ohne ihre Persönlichkeit auszuschalten. Dadurch trägt die Bibel das Siegel der Wahrheit und ist in all ihren Aussagen verbindlich – unabhängig davon, ob es sich um Glaubens- und Heilsfragen, um Lebensfragen oder um Aspekte handelt, die eine naturwissenschaftliche Relevanz haben [G6, 44-45]. Die Bibel ist – abgesehen von persönlichen Lebensführungen – die *einzige* von Gott autorisierte Offenbarung. Alle anderen Quellen der Offenbarung (z. B. Esoterik, religiöse Grübler und Religionsstifter) sind Gott ein Greuel (5. Mo 4,2; Spr 30,6; 1. Kor 4,6; Offb 22,18-19). Weitere Aspekte zur Lesart der Bibel siehe Kapitel 8.1.

## 2.4 Basissätze der Theistischen Evolution

Die Basissätze Nr. E1, E2, E4, E5, E7, E8, E10 und E11 der Evolutionslehre werden von der »Theistischen Evolution« voll übernommen. Im Unterschied zur Evolutionslehre kommen noch drei Basissätze hinzu. Dadurch wird die Kluft zur Schöpfungslehre, die von einem bibeltreuen Schriftverständnis ausgeht, unüberbrückbar.

**T1:** *Gott schuf durch Evolution.*

**T2:** *Die Bibel liefert keine brauchbaren oder gar verbindlichen Denkansätze, die für die heutige wissenschaftliche Arbeit verwendbar wären.*

**T3:** *Evolutionistische Aussagen haben Vorrang vor biblischen Aussagen.* Die Bibel ist insbesondere dann umzuinterpretieren, wenn sie dem heutigen evolutiven Weltbild widerspricht. In diesem Sinne geht *J. Illies* vor [I5]: »Mit dem Korrekturfaktor 1:365 000 käme man übrigens auf zwei Milliarden Jahre, was der Wahrheit schon sehr viel näherliegt.«

*Zum Schriftverständnis der Bibel aus der Sicht der theistischen Evolutionslehre:* Die Existenz Gottes wird vorausgesetzt. Er ist aber keineswegs der gestaltende und inspirierende Autor der Schriften. Die Bibel ist vielmehr ein in Geschichtszusammenhängen beeinflußtes Wort, bei dem die Verfasser in den Vorstellungen des damaligen Weltbildes ihre Gedanken niedergelegt haben. Mit einem solchen der Bibel unterstellten Weltbild arbeitet *A. Läpple*, wenn er ihre Entstehung als menschliches Wollen ansieht [L1, 42]:

> »Die Erde dachte man sich als runde, flache Scheibe. Sie nimmt den Mittelpunkt der Schöpfung ein und wird von den unteren Wassern umflossen, der Urflut oder dem Urozean... Über die Erdscheibe spannt sich als Überda-

chung das Firmament, an dem Sonne, Mond und Sterne gleich Lampen angebracht sind. Über dem Firmament befinden sich die 'oberen Wasser', die durch Fenster oder Schleusen als Regen auf die Erde strömen können.«

Die Bibel wird im Rahmen der theistischen Evolutionslehre als eine Sammlung von Schriften angesehen, die unter anderem nur teilweise Gottes Wort enthält. Aus diesem Grunde spricht man auch von verschiedenen Schöpfungsmythen mit unterschiedlicher Tradition. Diese Schale des kulturell und historisch Bedingten gilt es abzulegen, um dann den Inhalt zu entfalten. Die Bibel vermittelt darum keine autoritative und bindende Wahrheit, sondern ist für jede Zeit und in jeder Situation neu zu interpretieren und zu korrigieren.

## 2.5 Einige Konsequenzen

**1. Aus der Erkenntnistheorie:** Es gibt keine absolute Erkenntnis durch den Menschen. Der Gedanke einer autonom menschlichen Vernunft hat sich auch aus der Sicht moderner Wissenschaftstheorie als unhaltbar erwiesen. Alle menschliche Wissenschaft unterliegt darum einer Vorläufigkeit, die auch *Popper* deutlich als solche markiert hat [P4, 225]: »Das alte Wissenschaftsideal, das absolut gesicherte Wissen, hat sich als Idol erwiesen. Die Forderung der wissenschaftlichen Objektivität führt dazu, daß jeder wissenschaftliche Satz vorläufig ist. Nicht der Besitz von Wissen, von unumstößlichen Wahrheiten, macht den Wissenschaftler, sondern das rücksichtslos kritische, unablässige Suchen nach der Wahrheit.«
Der bibelgläubige Christ darf wissen, daß es heute keine wissenschaftstheoretischen Einwände gibt, die es verbieten würden, die Fakten der Welt mit Hilfe der Bibel zu deuten (Schöpfungslehre). Seine Basissätze entspringen der göttlichen Offenbarung, einer Quelle also, die über die mensch-

liche Vernunft hinausgeht und ihn auf Felsengrund stellt. Der Wissenschaftler, der sich für die Evolutionslehre vorentschieden hat (siehe Basissatz E1 der Evolutionslehre), kann seine Modelle nur als Hypothesen vertreten, die – in Anlehnung an *Popper* – auf dem schwankenden Boden einer Sumpflandschaft stehen.

**2. Aus der Schöpfungsforschung:** Eine sichere Beantwortung von Herkunftsfragen ist ohne vorgegebene Offenbarung nicht möglich (siehe Basisatz S6). Dem Physik-Nobelpreisträger *W. Pauli* ist zuzustimmen, wenn er die Grenzen aller naturwissenschaftlichen Methoden dort markiert, wo Herkunftsfragen ins Spiel kommen. Biblische Aussagen haben also eine größere Reichweite als wissenschaftliche. Diesen Aspekt hat der Verfasser in [G2, 21-24] ausführlich behandelt.
Auch wenn wir in der Schöpfungslehre in überzeugender und stichhaltiger Weise die Welt deuten, werden unser Modell nicht alle Menschen aufgreifen, weil es den lebendigen Gott impliziert und die Wahrheit der ganzen Bibel voraussetzt. In einer völlig säkularisierten Wissenschaft und weithin liberalisierten Theologie darf uns das nicht verwundern. *Popper* vertritt die plausible Ansicht, daß sich jene Theorie im Wettbewerb am besten behaupten wird, die am strengsten überprüft werden kann und den bisherigen strengen Prüfungen auch standgehalten hat. Wendet man dieses Verhalten auf die Akzeptanz der Schöpfungslehre an, so dürfte mit ihrer schnellen Verbreitung gerechnet werden. Der Wissenschaftstheoretiker *Thomas S. Kuhn* hat herausgearbeitet [K5], daß sich nach aller historischen Erfahrung immer die etablierte Theorie durchsetzt, wenn es zu einer Kollision zwischen neuer und alter Theorie kommt: In der Regel wird dann das vermeintliche Gegenbeispiel einfach so umgedeutet, daß es mit der Theorie harmoniert, von der man ausgegangen war. *W. Wieland* führt dazu aus [W4, 632]: »Nach *Kuhns* Konzeption ist es eine bloße Legende, daß sich die

erfolgreichen Theorien durch größere Leistungsfähigkeit in der Deutung und Erklärung von Phänomenen gegenüber den von ihnen verdrängten alten Theorien auszeichnen.«

**3. Aus der Theistischen Evolution:** Bei den Verfassern der theistischen Evolutionsliteratur spielen biblische Begründungen nur eine untergeordnete Rolle. Wird die Bibel zitiert, so geht es meist darum, in aufwendigen Argumentationen, einen anderen Sinn – nämlich den evolutionistischen Ansatz – herauszulesen. Viele Zeitgenossen haben sich durch solche Publikationen leider zu einem falschen Schriftverständnis verleiten lassen.

# 3. Beiträge zur Anthropologie

## 3.1 Die Herkunft des Menschen (EW1)

**Evolution**: In seinem Buch »Die Abstammung des Menschen« resümierte *Charles Darwin*: »Das bedeutungsvollste Resultat dieses Buches, daß der Mensch von einer niedrig organisierten Form abstammt, wird für viele ein großes Ärgernis sein. Ich bedaure das. Aber es kann schwerlich ein Zweifel darüber bestehen, daß wir von Barbaren abstammen.« Nach heutiger Evolutionslehre reicht des Menschen Stammbaum nicht nur weit ins Tierreich zurück, sondern bis zu einfachen anorganischen Molekülen: Ursuppe → Urschleim → Urzelle; aus Einzellern wurden dann Mehrzeller: → Würmer → Fische → Lurche → Reptilien → Säugetiere → Halbaffen → Affen → Menschenaffen → Urmenschen → Menschen. Der Nobelpreisträger *Jaques Monod* sieht unsere Existenz konsequenterweise als Ergebnis eines Lotteriespieles an [M2, 129]: »Das Universum trug weder das Leben, noch trug die Biosphäre den Menschen in sich. Unsere ›Losnummer‹ kam beim Glücksspiel heraus. Ist es da verwunderlich, daß wir unser Dasein als sonderbar empfinden?« Auch *Rupert Riedl* hebt die Planlosigkeit für die menschliche Existenz hervor [R2, 221]: »Der Mensch war also nicht geplant. Tatsächlich treffen sich die Kausalketten der Voraussetzungen der Menschwerdung zufällig. Aber die Konsequenzen ihrer Begegnung sind ausschließlich Notwendigkeiten ... Das alte Spiel zwischen notwendigem Zufall und zufälliger Notwendigkeit wird aber nun ganz nach innen verlegt; und jetzt entstehen im Innern des Zentralnervensystems die erforderlichen Urteile im voraus, die Vorurteile der Vorstellung. Die Zufälle der Menschwerdung liegen also in der Unvorhersehbarkeit der Begegnung ihrer Ursachen. Als aus den früheren Reptilien die ersten häßlichen Säuger entstanden, hätte ihnen niemand ihre Chancen prophezeien können ...; als die ersten Fische ans Land stiegen, war noch nicht einmal ausgemacht, ob nicht das Tintenfischhirn das aussichtsreichere wäre.«

**Wissenschaftliche Einwände**: Die Paläontologie bemüht sich insbesondere um die Einordnung von Fossilfunden in ein evolutives System. Kennzeichnend ist das regelmäßige Fehlen von Zwischenformen (ausführlicher in [J1]). Zur Zeit gibt es nur eine Fülle konkurrierender Hypothesen, so daß von keiner einheitlichen Vorstellung gesprochen werden kann [H2]. Einen phylogenetisch begründbaren Stammbaum des Menschen wird es aus informationstheoretischen Gründen [G9] auch deswegen niemals geben, weil es im Evolutionssystem keine Informationsquelle für neue Information gibt. Veränderte Umweltbedingungen (z.B. anderes Klima, veränderte Biotope) scheiden als Informationsquelle für neue Baupläne aus.

**Bibel**: Aus dem biblischen Bericht können folgende Schritte der Erschaffung des Menschen abgelesen werden:

*1. Plan*: Es ist so trivial, daß die Erwähnung überflüssig erscheint, aber am Anfang eines jeden Werkes steht der erklärte Wille (Absicht, Konzept, Plan) zu seiner Herstellung. In 1. Mose 1,26 kommt diese Absichtserklärung selbst bei Gott deutlich zum Ausdruck: »Lasset uns Menschen machen!« Der ausdrücklich dahinterstehende Wille Gottes ist auch in Offenbarung 4,11 belegt: »Durch deinen Willen haben sie das Wesen und sind geschaffen.« Diese Zeugnisse lassen keinen Raum für eine zufällige Menschwerdung durch Evolution in Jahrmillionen.

*2. Ausführung*: Die besten Konstruktionen nützen nichts, wenn sie nicht in die Wirklichkeit umgesetzt werden. Was aber Gott sich vornimmt, führt er aus: »Und Gott schuf den Menschen ihm zum Bilde, zum Bilde Gottes schuf er ihn; und schuf sie einen Mann und ein Weib« (1. Mo 1,27). Dieser Vers beschreibt in Kürze den »Herstellungsvorgang«, der in 1. Mose 2,7 noch etwas detaillierter dargestellt wird (vgl. Bild 21 in [G5, 169]), und gibt außerdem einen Einblick in das Konstruktionskonzept: Der Mensch war auf Gottes Wesen – zu seinem Bilde hin – angelegt. Wir sind sein Werk; wir sind gewollt!

*3. Ergebnis*: Durch das Zusammenfügen des »Leibes von der Erde« und des »Geistes von Gott« entsteht etwas völlig Neuartiges in der Schöpfung: »Und also ward der Mensch eine lebendige Seele« (1. Mo 2,7).

Die Bibel zeigt uns also den Menschen als ein von Gott direkt geschaffenes Wesen. Es ist auffällig, daß die beschriebenen drei Schöpfungsphasen uns an eine ingenieurmäßige Vorgehensweise erinnern, wie sie uns von der Herstellung industrieller Güter geläufig ist. Diese allgemeinen Prinzipien kennen wir von der Erstellung einer simplen Büroklammer ebenso wie von den hochgradig komplexen Vektorrechnern modernster Computerarchitektur. Eine planerische, geistige Idee geht all diesen Artefakten voraus. Es ist unrealistisch und aller Erfahrung widersprechend, wenn gerade bei den Werken der Schöpfung eine Konzeption ignoriert wird. Alle Evolutionskonzepte bleiben hoffnungslos im Materiellen stecken und gehen darum schon methodisch mit unzureichenden Mitteln an die Erklärung der Herkunft des Menschen heran. Wie will eine Leitidee, die agnostisch argumentiert, den göttlich gegebenen Geist angemessen erfassen können? Sie befindet sich aufgrund falscher Voraussetzungen (s. Basissatz E 3) schon a priori auf dem Irrweg.

## 3.2 Die Herkunft der menschlichen Sprache (EW2)

**Evolution**: Auch wenn mancherlei Hypothesen aufgrund tieferer Erkenntnis des Sprachphänomens wieder verworfen werden mußten, hält man im Evolutionsmodell an der Entstehung der menschlichen Sprache als evolutionärem Vorgang fest. *Bernhard Rensch* sieht die Herausbildung von Sprachen als entscheidend für die Entstehung der einzigartigen Sonderstellung des Menschen an. Er gibt zu [R1, 141–142]: »Auf welcher stammesgeschichtlichen Stufe die Sprache entstand, wissen wir nicht«, dennoch geht er davon aus, daß »sich durch Zellvermehrung eine Region an den Seiten des Stirnhirns herausbildete, die sich auf einer Seite zu einem motorischen Sprachzentrum entwickelte«. Auch die Vielzahl der heute gesprochenen Sprachen wird evolutionär erklärt, wie z.B. bei *Illies* [I2, 53]: »Die Fülle der Tausende von Sprachen und Dialekten zwingt uns zu der Einsicht, daß hier ... eine Aufsplitterung aus gemeinsamen Wurzeln vor sich ging, also eine Evolution, die notwendig einen Nullpunkt, einen Anfang gehabt haben muß.«

**Wissenschaftliche Einwände:**

1. Die morphologischen Voraussetzungen für die Sprache bestehen nicht nur in der Existenz eines einzigen Organs, sondern sind an das gleichzeitige Vorhandensein eines Stimmerzeugungsapparates, eines geeigneten Rachenraumes (in Zusammenarbeit mit der Zunge) sowie eines hochgradig komplexen Steuerungssystems (Gehirn) gekoppelt. Wie kommt es zur parallelen Entstehung so unterschiedlicher und präzise aufeinander abgestimmter Komponenten, wenn – wie *Konrad Lorenz* behauptet – Mutation und Selektion die »Motoren der Evolution« sein sollen? Es ist unzumutbar, zu glauben, daß eine so geniale Konzeption ohne Zielvorgabe entstehen kann.
2. Ein Kind wird sprachlos geboren und ist in der Lage, die jeweilige Sprache der Eltern zu erlernen. Dabei ist der

Sprachvorrat etwas bereits Vorhandenes und muß in dem dafür konzipierten Gehirn »installiert« werden. Der evolutiv angenommene Frühmensch aber hatte keine Quelle für die Sprache. Er war einem Computer ohne Software vergleichbar und somit nicht sprachfähig.

3. Der Münsteraner Sprachforscher *H. Gipper* wendet sich gegen eine evolutive Sprachentstehung [G1, 73]:

»Alle Annahmen, aus Tierlauten seien allmählich Sprachlaute geworden (sog. Wauwau-Theorien), oder eine primäre Gebärdensprache sei schrittweise durch Lautsprache abgelöst worden, sind nicht aufrechtzuerhalten und führen nicht zum Ziel. Solche kurzschlüssigen Hypothesen verkennen die Besonderheit der menschlichen Sprache gegenüber den Kommunikationssystemen der Tiere. Hier ist mit Nachdruck hervorzuheben, daß sich das Wesen menschlicher Sprache keineswegs in der Kommunikation erschöpft. Kommunikation gibt es überall im Tierreich. Menschliche Sprache aber ist darüber hinaus Erkenntnismittel, d.h. geistiger Zugang zur sinnlich erfaßbaren Welt. Die eigentümliche Leistung der Sprache besteht darin, daß es mit ihrer Hilfe gelingt, bestimmten Sinn und bestimmte Bedeutung fest an artikulierte Lautungen zu binden und damit gedanklich verfügbar zu machen.«

4. Die Sprache ist kein Selektionsvorteil. Hierzu führt *Gipper* an [G1, 73]:

»*Beate Marquardt* nimmt in ihrer Dissertation über die Sprache des Menschen und ihre biologischen Voraussetzungen an, daß Sprache zum reinen Überleben im Kampf ums Dasein gar nicht erforderlich gewesen sei. Sprache ist in ihrer Sicht ein ausgesprochenes Luxusphänomen ... Auch *W.v. Humboldt* war im übrigen schon der Ansicht, daß der Mensch zu gegenseitiger Hilfeleistung der Sprache nicht bedurft hätte und verwies in diesem Zusammenhang auf die Elefanten, die ohne Sprache höchst gesellige Tiere geworden sind.«

5. Die langangelegten amerikanischen Versuchsreihen mit Menschenaffen (z.B. Forscherehepaar *Gardner* mit Schimpansin Washoe; *Premack* mit Schimpansin Sarah) sollten die evolutive Sprachentwicklung belegen. Sie haben der Wissenschaft einen ähnlich guten Dienst erwiesen wie die Perpetuum-Mobilisten der Vergangenheit. Die Unmöglichkeit, eine Maschine zu bauen, die ohne Energiezufuhr läuft, hat den Energiesatz immer mehr erhärtet. So haben die Affenversuche bestätigt: Nirgends im Tierreich gibt es echte Sprache; nie sind die Wesensmerkmale der menschlichen Sprache auch bei noch so fleißigem Training erreicht worden. Eine Begriffsbildung war nur in Ansätzen dort möglich, wo elementare Lebensinteressen der Tiere berührt wurden.

6. Sprache ist ein immaterielles Phänomen, darum scheitern an diesem Punkt alle evolutiven Herkunftshypothesen. Weiteres hat der Verfasser in dem Kapitel »Sprache« in [G7, 115–135) dargestellt.

**Bibel**: *Gipper* kommt als Sprachforscher zu einer wichtigen Feststellung [G1, 65]: »Wer die Frage nach dem Sprachursprung stellt, hat den Boden der Bibel ... bereits verlassen.« In der Tat richten sich die Sprachursprungstheorien, deren Anzahl seit dem Zeitalter der Aufklärung noch ständig steigt, gegen die Aussage der Bibel. Nur *Johann Peter Süßmilch* (1707–1767) stellte fest: »Könnte der Mensch für den Erfinder angenommen werden, so müßte er sich schon vor der Erfindung der Sprache in dem Gebrauch einer Sprache befunden haben, der Mensch müßte ohne Sprache klug und vernünftig gewesen sein, welches doch als unmöglich erwiesen ist. Daher bleibt uns nichts als der göttliche Verstand übrig.« Die Bibel bezeugt uns, daß Gott mit Adam redete, und dieser versteht, was ihm gesagt wird. Damit ist festgestellt: Bereits der erste Mensch, Adam, war von Gott mit der voll ausgebildeten Gabe der Sprache ausgerüstet. Er war dialogfähig im Umgang mit einer artikulierbaren Sprache (1. Mo 2,23; 1. Mo 3,2 + 10 + 12 + 13) und hatte sogar die Fähigkeit der Wortschöpfung: 1. Mose 2,20: »Und der Mensch gab einem jeglichen Vieh und Vogel unter dem Himmel und Tier auf dem Felde seinen Namen« (1. Mo 2,20). Wegen der Hochmutshaltung der Menschen beim Turmbau zu Babel verhängte Gott das Gericht der Sprachenverwirrung. Beim Versuch, die heutige Vielfalt der Sprachen zu erklären, muß dieses Ereignis berücksichtigt werden. Sprachverzweigungen nach dem Gericht von Babel mögen teilweise durchaus nachvollziehbar sein. Auffällig ist, daß es keine Komplexitätszunahme gibt. Für das Umgekehrte gibt es unzählige Beispiele (z.B. lat. *insula* ⟶ engl. *isle*; franz. *île*). Die obige von *Illies* angenommene evolutive Sprachentstehung aus einfacheren Wurzeln wird durch die Wirklichkeit widerlegt. Die alten Sprachen (Griechisch, Lateinisch) haben im Vergleich zu den modernen (z.B. Englisch) eine viel differenziertere Grammatik.

### 3.3 Die Herkunft der Geschlechter (EW3)

**Evolution**: Die Geschlechtlichkeit wird von *B. Rensch* als ein wesentlicher Faktor der Evolution angesehen, der mit dafür entscheidend ist, daß es uns Menschen überhaupt gibt [R1, 64]: »Ohne geschlechtliche Differenzierung wäre die Stammesgeschichte sicherlich viel langsamer verlaufen und hätte wahrscheinlich gar nicht zu der heutigen Höhe und damit auch nicht zur Menschwerdung geführt.« *R. W. Kaplan* sieht für die Evolution in der von ihr selbst hervorgebrachten Sexualität die gleiche Bedeutung [K1, 231]: »Die ›Erfindung‹ der geschlechtlichen Vermehrung ist sicherlich die eine entscheidende

Ursache für den Aufstieg der höheren Pflanzen und Tiere zu viel komplizierteren Niveaus der Organisation.«

**Wissenschaftliche Einwände**: Durch den Befruchtungsvorgang kommen immer wieder neue Genkombinationen zustande, so daß nach evolutionstheoretischer Auffassung viele Varianten entstehen, von denen nur die am besten in ihre Umwelt passenden im Selektionsprozeß überleben. Dieser Prozeß scheidet aber für einen Aufwärtstrend in der Stammesentwicklung aus, denn bei der Durchmischung des Erbgutes durch die sexuelle Fortpflanzung (Rekombination) entsteht keine prinzipiell neue Information. Alle Pflanzen- und Tierzüchter haben durch ihre unzähligen Rekombinationsversuche den Beweis geliefert, daß hochgezüchtete Kühe dennoch Kühe geblieben sind und aus Weizen niemals Sonnenblumen wurden.
Die sexuelle Fortpflanzung ist nur möglich, wenn beide Geschlechter gleichzeitig über voll funktionsfähige Organe verfügen. In einem Evolutionsprozeß gibt es definitionsgemäß (s. Basissatz E 9) keine lenkenden, auf Zweckmäßigkeit ausgerichteten, zielorientiert planenden Strategien. Wie aber können dann so unterschiedliche und komplexe Organe, die zueinander bis in die letzten morphologischen und physiologischen Details aufeinander abgestimmt sind, plötzlich in der Evolution auftreten? Dabei ist noch zu bedenken – wie *Kaplan* es selbst erkennt – daß »die Vielfalt der realisierten Möglichkeiten enorm und die Raffiniertheit der Tricks zum Zusammenführen der Geschlechter oft unglaublich einfallsreich und überraschend ist; ihr Studium gehört zu den interessantesten Gebieten der Biologie.« So stellt sich die Frage, warum *Rensch* dennoch glaubt [R1, 66]: »... es war zu ihrer Entstehung auch kein weiser Schöpfer notwendig.«

**Bibel**: Der Schöpfungsbericht belegt mehrfach, daß Gott die Möglichkeit zur Vermehrung von vornherein angelegt hat. Die Pflanzen »trugen ihren eigenen Samen bei sich selbst«

(1. Mo 1,12), und den Tieren befahl Gott »mehret euch« (1. Mo 1,22). Jede Art war in spezifischer Weise zur Reproduktion ausgestattet und befähigt. Auch der Mensch verdankt seine Herkunft nicht der angenommenen stammesgeschichtlichen »Erfindung« der Sexualität. Es war des Schöpfers Idee, den Menschen – unabhängig vom Tierreich – in zweierlei Geschlechtern zu schaffen: »Gott schuf den Menschen ... und schuf sie *einen Mann* und *ein Weib*« (1. Mo 1,27). Auch der Mensch erhielt den Auftrag: »Seid fruchtbar und mehret euch!« (1. Mo 1,28).

### 3.4 Die Herkunft der Ehe (EW4)

**Evolution**: Nach dieser Lehre ist die Ehe weder eine gottgewollte noch eine von Anfang an bestehende Einrichtung, sondern eine gesellschaftliche Errungenschaft im Rahmen der kulturellen Evolution. So vertritt *Robert Havemann* [H3, 121] eine Evolution der Ehe: »In der Urgesellschaft waren alle – Männer und Frauen – gleichgestellte Mitglieder der Gesellschaft. In der Urgesellschaft gab es auch keine Ehe. Es gab dort das, was man Gruppenehe nennt. Innerhalb der Gruppe existierten ursprünglich überhaupt keine Vorschriften darüber, wer mit wem geschlechtliche Beziehungen haben darf.« Ebenso unterstellt man eine Entwicklung vom Matriarchat (lat. *mater* = Mutter; Herrschaft der Frau) in der ursprünglichen Gesellschaft zum Patriarchat (lat. *pater* = Vater; Herrschaft des Mannes).

**Bibel**: Die Ehe ist ein Geschenk Gottes an den Menschen. Als Gott dem Adam die speziell für ihn erschaffene Frau bringt, ruft er voller Freude aus: »Das ist doch Bein von meinem Bein und Fleisch von meinem Fleisch« (1. Mo 2,23). Diese Freude über ein echtes Gegenüber ist der ausdrückliche Wille des Schöpfers: »Es ist nicht gut, daß der Mensch allein sei; ich will ihm eine Gehilfin machen, die um ihn sei«

(1. Mo 2,18). Die Ehe ist schon schöpfungsmäßig von Gott vorgesehen; sie ist damit keine von Menschen erdachte Institution. Sie ist – wie auch JESUS in Matthäus 19, 4-6 den Ursprung und das Wesen der Ehe definiert – seit dem ersten Menschenpaar eingesetzt: »Habt ihr nicht gelesen, daß, der im Anfang den Menschen geschaffen hat, schuf sie als Mann und Weib und sprach (1. Mo 2,24): ›Darum wird ein Mensch Vater und Mutter verlassen und an seinem Weibe hangen, und werden die zwei ein Fleisch sein‹? So sind sie nun nicht mehr zwei, sondern ein Fleisch. Was nun Gott zusammengefügt hat, das soll der Mensch nicht scheiden.« Mit dem Gebot »Du sollst nicht ehebrechen!« schützt Gott die Ehe und erlaubt geschlechtliche Beziehungen nur innerhalb dieser engen Gemeinschaft (Pred 9,9). Geschlechtsverkehr (Ein-Fleisch-Werden) vor oder außerhalb der Ehe ist sündhaft und wird als Hurerei und Unzucht gebrandmarkt. Die evolutionistisch unterstellte Entwicklung vom Matri- zum Patriarchat ist biblisch falsch. Die Frau war von Anfang an als »Gehilfin« (1. Mo 2,18), aber nicht als Herrin des Mannes eingesetzt. Unter Einbeziehung von CHRISTUS gilt diese göttliche Offenbarung ebenso im NT: »CHRISTUS ist eines jeglichen Mannes Haupt, der Mann aber ist des Weibes Haupt; Gott aber ist CHRISTI Haupt« (1. Kor 11,3). Aus der dem Mann zugewiesenen Rolle als Haupt läßt sich für die Frau weder eine sklavische Unterwerfung wie im Islam noch eine Beherrschung des Mannes, wie es die emanzipatorischen Bewegungen anstreben, ableiten. Das göttlich gewollte Verhältnis zwischen Mann und Frau kommt im Vergleich der Beziehung zwischen CHRISTUS und der Gemeinde am deutlichsten zum Ausdruck: »Aber wie nun die Gemeinde ist CHRISTUS untertan, so seien es auch die Frauen ihren Männern in allen Dingen. Ihr Männer, liebet eure Frauen, gleichwie CHRISTUS geliebt hat die Gemeinde und hat sich selbst für sie gegeben« (Eph 5,24–25).

### 3.5 Die Herkunft des Todes (EW5)

An der unterschiedlichen Deutung des Phänomens Tod wird die Unvereinbarkeit der Evolution mit biblischer Lehre in gravierender Weise offenbar. Darum soll gerade dieser Punkt sehr ausführlich behandelt werden.

**Evolution**: In vier Abschnitten wird das Grundsätzliche dieser Lehre unter Angabe zahlreicher Belegzitate dargestellt.

*1. Der Tod – eine notwendige Voraussetzung der Evolution*: Im Denkgebäude der Evolution spielt der Tod eine unbedingt notwendige Rolle, ja, er ist die grundlegende Voraussetzung für den Ablauf des postulierten Geschehens. *C.F. v. Weizsäcker* betont: [W3]: »Denn wenn die Individuen nicht stürben, so gäbe es keine Evolution, so gäbe es nicht neue Individuen anderer Eigenschaften. Der Tod der Individuen ist eine Bedingung der Evolution.« In ähnlicher Weise hat sich der Freiburger Biologe *Hans Mohr* geäußert [M2, 12]: »Gäbe es keinen Tod, so gäbe es kein Leben. Der Tod ist nicht ein Werk der Evolution. Der Tod des einzelnen ist vielmehr die Voraussetzung für die Entwicklung des Stammes. An dieser Einsicht, an diesem Axiom der Evolutionstheorie führt kein Weg vorbei. Ohne das Sterben der Individuen hätte es keine Evolution des Lebens auf dieser Erde gegeben. Wenn wir so die Evolution des Lebens als ein in der Bilanz positives Ergebnis, als die ›reale Schöpfung‹, ansehen, akzeptieren wir damit auch unseren Tod als einen positiven und kreativen Faktor.« Schon hier wird der krasse Gegensatz zur Bibel deutlich, die den Tod eindeutig als eine feindliche Macht charakterisiert (1. Kor 15,26; Offb 6,8).

*2. Der Tod – eine Erfindung der Evolution*: Der Regensburger Professor *Widmar Tanner* hat sich als Biologe ausgiebig mit der Frage des Todes beschäftigt [T1]. Er stellt fest, daß die bekannten Naturgesetze in Physik und Chemie, die auch für die Biologie gelten, uns in keinem Punkt zu der Annahme zwingen, daß ein biologisches System altern und sterben muß. Von daher geht er der Existenzfrage des Todes nach: »Wie und warum kommt der Tod in unsere Welt, wenn es ihn eigentlich gar nicht geben müßte?« Nach *Tanner* hat die Evolution den Tod selbst als bedeutsame Erfindung hervorgebracht [T1,46]: »Alterungsvorgang und Lebensdauer sind Anpassungserscheinungen, die sich im Laufe der Evolution in einer für jede Art spezifischen Weise entwickelt haben ... Die Erfindung des Todes hat den Gang der Evolution wesentlich beschleunigt.« Für ihn bringt der einprogrammierte Tod die immerwährende Chance, Neues in der Evolution auszuprobieren. Für *Ludwig von Bertalanffy* ist der Tod der kalkulierte Preis, der für die Höherentwicklung, jenes »Drama voller Spannung, Dynamik und tragischer Verwicklungen«, zu zahlen ist [B3]: »Mühevoll ringt sich das Leben zu immer höheren Stufen empor, für jeden Schritt zugleich zahlend. Es wird vom Einzeller zum Vielzeller und setzt damit den Tod in die Welt.« Was die Bibel als Gericht über die Sünde ausweist, wird von Evolutionsanhängern zum notwendigen Evolutionsprodukt verfälscht [R2, 290]: »Erst mit der Vielzelligkeit ist der Tod, mit dem Nervensystem der Schmerz in diese Welt gekommen und mit dem Bewußtsein die Angst ... mit dem Besitz die Sorge und mit der Moral der Zweifel.«

*3. Der Tod – Schöpfer des Lebens*: Der antibiblische Charakter der Evolutionslehre wird so recht deutlich, wenn ihre Vertreter den Tod sogar zum Schöpfer des Lebens erheben. In diesem Sinne äußert sich der Mikrobiologe *R. W. Kaplan* [K1, 236]:

> »Bei den Organismen mit Sexualprozessen hat der programmierte Tod noch eine weitere Funktion: Die begrenzte Lebensdauer und damit auch begrenzte Sexualität hemmt den Genaustausch zwischen den Genera-

tionen, also zwischen ›altmodischen‹ Vorfahren und ›progressiven‹ Nachkommen. Altern und Tod verhindern Rückkreuzungen und fördern daher den evolutiven Fortschritt. Das eingebaute Altern und Sterben ist zwar leidvoll für das Individuum, besonders für das menschliche, aber es ist der Preis dafür, daß die Evolution unsere Art überhaupt erschaffen konnte.«

Die Schöpferrolle des Todes hebt auch *W. Tanner* hervor [T1, 51]: »Es mag eine wenig tröstliche Einsicht sein, daß es ohne den Tod uns Menschen wahrscheinlich noch gar nicht gäbe. Aber Trost wird man zum Problem des Alterns und des Todes von einem Biologen vermutlich auch nicht erwarten.« *Hans Mohr* gibt auf die selbst gestellte Frage nach dem Warum des Entwicklungsprogrammes, das uns unentrinnbar dem Tode zuführt, die Antwort [M1, 12]: »Weil unsere Art, weil der Homo sapiens, aus einer biologischen Evolution hervorgegangen ist. Die zeitliche Begrenztheit des Individuallebens ist die unabdingbare Voraussetzung, die schließlich auch den Menschen hervorgebracht hat.«

*4. Der Tod – absolutes Ende des Lebens*: Nach der Evolutionslehre ist Leben ein allein in den Gesetzen der Physik und Chemie begründeter Materiezustand *(M. Eigen)*. Bei solch einer Reduktion der Wirklichkeit auf ausschließlich materielle Phänomene bleibt kein Platz für eine Weiterexistenz des Lebens nach dem Tod. Der Mensch wird auf eine biologische Maschine reduziert, wobei sein absolutes Ende mit dem Tod des Organismus gleichgesetzt wird. Im Räderwerk des Evolutionsmechanismus dient der Tod dem Aufstieg des folgenden Lebens. Damit ist der Weg eines Menschenlebens nur als Beitrag zu sehen, den dieses zur Evolution geleistet hat [K1, 236]. Auch wenn die Sterbeforscherin *Elisabeth Kübler-Ross* vom Weiterleben nach dem Tode spricht, meint sie damit lediglich den Beitrag zur Evolution [K2, 185]: »Durch die Verpflichtung zur persönlichen Reife werden einzelne Menschen auch ihren Beitrag zur Reife und Entwicklung zur Evolution der ganzen Spezies leisten, damit sie zu all dem wird, was die Menschheit zu sein vermag und was ihr bestimmt ist. Der Tod ist der Schlüssel zur Evolution.« Lassen wir uns auch hier nicht täuschen: Scheinbar christlich klingendes Vokabular erweist sich bei näherem Hinsehen als Fälschung.

**Wissenschaftliche Einwände**: Keine Wissenschaft kann uns etwas Verbindliches zur Herkunft und zum Wesen des Todes sagen. Damit wäre der durch naturwissenschaftliche Methoden begrenzte Kompetenzradius erreicht. Die Medizin stellt darum konsequenterweise auch nur die Frage nach dem Zeitpunkt, ab wann der Mensch als tot gilt (zelebraler Tod, Herz-Kreislauf-Tod).

**Bibel**: Nach dem eindeutigen Zeugnis der Bibel ist diese Welt und alles Leben aus einem direkten Schöpfungsakt Gottes hervorgegangen. Es war eine fertige und vollendete Schöpfung, die das abschließende Gottesurteil »sehr gut« erhielt. Gottes Wesen ist Liebe und Barmherzigkeit, und so schuf er durch JESUS (Joh 1,10; Kol 1,16) und durch seine Weisheit (Kol 2,3). Auch in der Schöpfung blieb er seinen Wesensmerkmalen treu, denn bei ihm gibt es keine Veränderung (Jak 1,17; Hebr 13,8). Das ist etwas völlig anderes als die durch Leid und Tränen, Grausamkeit und Tod gekennzeichnete Strategie der Evolution. Wer Gott als Ursache der Evolution ansieht, d.h. ihm eine solche Schöpfungsmethode unterstellt, verdreht das Wesen Gottes ins Gegenteil. Woher aber kommt der Tod, wenn er weder Evolutionsfaktor ist noch dem Wesen Gottes entspricht? *Wir stellen fest:* Der Tod ist allgemein. Alle Menschen sterben: von neugeborenen Kindern bis zu Greisen, moralisch hochstehende Menschen ebenso wie Diebe und Räuber, Gläubige und Ungläubige gleichermaßen. Für eine so generelle und durchgreifende Auswirkung muß es eine ebenso allgemeine Ursache geben.

Die Bibel markiert den Tod als Folge der Sünde des Menschen. Obwohl Gott den Menschen davor gewarnt hatte (1. Mo 2,17), mißbrauchte er die ihm geschenkte Freiheit und kam dadurch in den Sündenfall. Von nun an wirkte sich das Gesetz der Sünde aus: »Der Sünde Sold ist der Tod« (Röm 6,23). Der Mensch geriet in die Todeslinie, die in *Bild 1* als dicke schwarze Linie gezeichnet ist. Seit Adam, der dafür verantwortlich ist, daß der Tod in diese Schöpfung kam (1. Tim 2,14), befindet sich die gesamte Menschheit in dieser Todeskette: »Darum, wie durch einen Menschen die Sünde in die Welt gekommen und der Tod durch die Sünde, so ist der Tod zu allen Menschen durchgedrungen, weil sie alle gesündigt haben« (Röm 5,12). Vor dem Sündenfall war also der Tod in der gesamten Schöpfung unbekannt. Obwohl die Bibel dieses Faktum eindeutig und mit allem Nachdruck erklärt, ist die Lehre vom heilen Urzustand der Schöpfung von der gegenwärtigen Universitätstheologie weithin verraten. Man hat sich unverständlicherweise dem Trug der Philosophen *Lessing*, *Kant* und *Hegel* angeschlossen, die den Sündenfall als den Beginn der Freiheits- und Fortschrittsgeschichte gedeutet haben. Nach dem Zeugnis der Bibel dagegen waren die aus Gottes Schöpfung hervorgegangenen Menschen ursprünglich gut, ohne Leid, Krankheit und Tod. Auch im apokryphen Buch der Weisheit Salomos (1,13) wird noch einmal explizit herausgestellt, daß der Tod nicht Bestandteil der ursprünglichen Schöpfung ist: »Denn Gott hat den Tod nicht gemacht und hat nicht Lust am Verderben der Lebendigen.«
Wenn die Bibel vom Tod spricht, so meint sie damit keineswegs das Aufhören der Existenz. Die biblische Definition für Tod heißt »Abgetrenntsein von …« Da der Sündenfall einen dreifachen Tod kennzeichnet *(Bild 1)*, gibt es auch ein dreifaches Abgetrenntsein:

**1. Der geistliche Tod**: Im Augenblick des Sündenfalles fiel der Mensch in den »geistlichen Tod«, d.h. er war damit abge-

Bild 1: *Der schmale und der breite Weg (Mt 7,13–14)*

*Nach dem Zeugnis der Bibel befinden sich seit dem Sündenfall (Röm 5,14) von Natur aus alle Menschen auf dem breiten Weg, der zur Verdammnis führt (Mt 7,13 b). Dieser Todeszug mit den Stationen des geistlichen und leiblichen Todes hat als Endstation den ewigen Tod. Es ist aber der erklärte Wille Gottes (z.B. 1. Tim 2,4; 2. Petr 3,9 b), daß der Mensch aus der verlorenen Situation des Todeszuges in eigener, freier Willensentscheidung (5. Mo 30,19; Jer 21,8; 1. Tim 6,12) aussteigt, durch die enge Pforte gehend (Mt 7,13a + 14) in den Lebenszug einsteigt und so zum ewigen Leben gelangt. Diesen Zugwechsel hat JESUS als den alles entscheidenden Durchbruch zum ewigen Leben bezeichnet (Joh 5,24). Diese Chance wird uns nur in der irdischen Lebensspanne eingeräumt. Die Grundlage zu dieser »neuen Geburt« (Joh 3,3) ist durch den Kreuzestod JESU (Joh 3,16; Röm 5,10) erwirkt und somit jedermann eingeräumt, der das »Wort vom Kreuz« (1. Kor 1,18) für sich persönlich annimmt.*

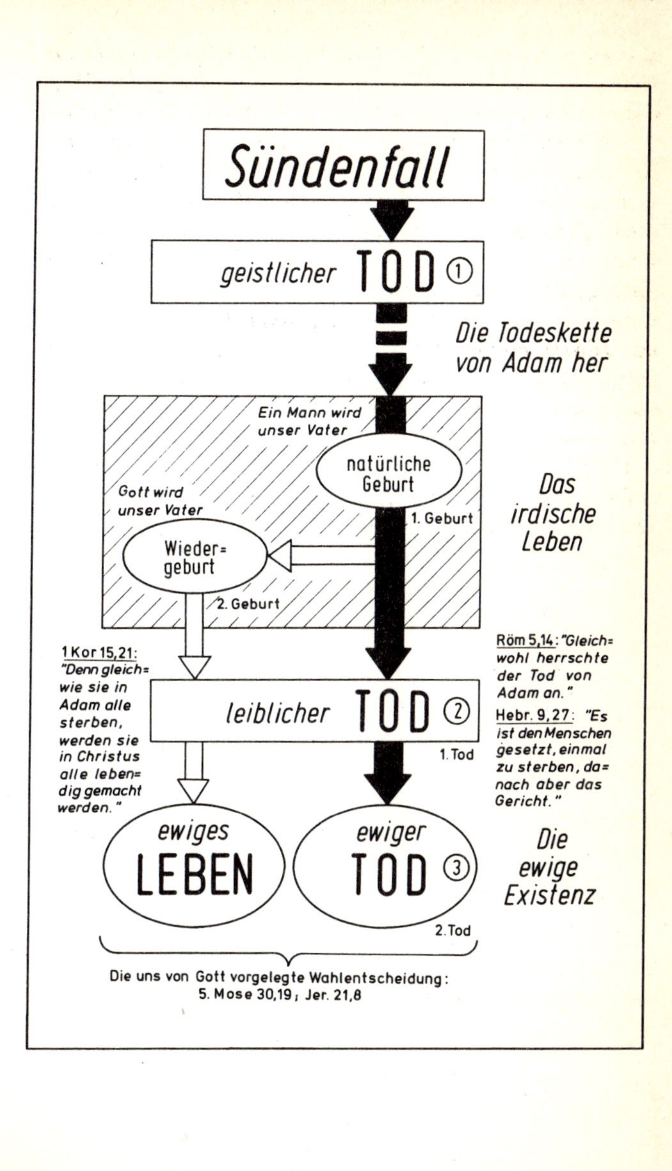
Sündenfall
geistlicher TOD ①
Die Todeskette
von Adam her
Ein Mann wird
unser Vater
natürliche
Geburt
Gott wird
unser Vater
Wieder=
geburt
1. Geburt
2. Geburt
Das
irdische
Leben
1 Kor 15,21:
"Denn gleich=
wie sie in
Adam alle
sterben,
werden sie
in Christus
alle leben=
dig gemacht
werden."
Röm 5,14: "Gleich=
wohl herrschte
der Tod von
Adam an."
Hebr. 9,27: "Es
ist den Menschen
gesetzt, einmal
zu sterben, da=
nach aber das
Gericht."
leiblicher TOD ②
1. Tod
ewiges
LEBEN
ewiger
TOD ③
2. Tod
Die
ewige
Existenz
Die uns von Gott vorgelegte Wahlentscheidung:
5. Mose 30,19; Jer. 21,8

trennt von der Gemeinschaft mit Gott. In diesem Zustand leben auch heute alle Menschen, die nicht an ihren Schöpfer glauben. Sie haben weder eine Beziehung zu JESUS CHRISTUS noch zur Botschaft der Bibel; sie sind geistlich Tote, obwohl sie körperlich sehr lebendig sein können.

**2. Der körperliche Tod**: In der weiteren Auswirkung kommt es zum leiblichen Tod: »... bis daß du wieder zu Erde werdest, davon du genommen bist« (1. Mo 3,19).

**3. Der ewige Tod**: In der Fortsetzung der Todeslinie endet der Mensch im ewigen Tod; damit ist aber nicht seine Existenz ausgelöscht (Lk 16,19–31). Es ist die Situation des endgültigen Abgetrenntseins von Gott. Der Zorn Gottes bleibt über ihm, weil »durch eines Sünde die Verdammnis über alle Menschen gekommen ist« (Röm 5,18).

Im Sündenfall ging die verbindende Brücke zwischen Gott und Mensch in die Brüche. Wer mit seinem Leben so weiterfährt und diesen Einsturz nicht beachtet, gelangt über den dreifachen Tod in den Abgrund. Gibt es hierfür einen Ausweg? Gott ist nicht nur ein zorniger Gott über die Sünde, sondern auch ein liebender Gott gegenüber dem Sünder. Aus dem vom Sündenfall her vorprogrammierten Todeszug mit der Endstation »ewiger Tod« kann man aussteigen und den Lebenszug besteigen, dessen Ziel »ewiges Leben« heißt. Ewiges Leben oder ewiger Tod sind die Zielstationen unserer unauslöschlichen Existenz, denn wir sind Ewigkeitsgeschöpfe. Welchen Weg wir gehen wollen, diese Wahlentscheidung hat Gott uns als freie Wesen überlassen: »Ich habe euch (ewiges) Leben und (ewigen) Tod, Segen und Fluch vorgelegt, daß du das Leben erwählest« (5. Mo 30,19). Es wird auch hier deutlich, daß Gottes Wille eindeutig auf das Leben abzielt. Aus *Bild 1* können wir einen einfachen, einprägsamen Merksatz ableiten:

»Wenn du nur *einmal geboren* bist (natürliche Geburt),
dann *stirbst* du *zweimal* (zunächst leiblicher Tod, dann ewiger Tod);
aber wenn du *zweimal geboren* bist (natürliche Geburt, Wiedergeburt),
*stirbst* du nur *einmal* (leiblicher Tod)!«

Die biblische Lehre der Errettung ist aufs engste verknüpft mit der Lehre über den Tod (Röm 5,12+14; Röm 6,23; 1. Kor 15,21). Der Glaube an den Sohn Gottes befreit vom verdammenden Gericht und bringt die Gewißheit des ewigen Lebens: »Wer mein Wort hört und glaubet dem, der mich gesandt hat, der hat das ewige Leben und kommt nicht in das Gericht, sondern er ist vom (geistlichen) Tode zum (ewigen) Leben hindurchgedrungen« (Joh 5,24).
Bedenkt man die Tragweite jeder Glaubensentscheidung, dann wird zugleich deutlich, welch tragische Auswirkung die Evolutionsidee und ihre Lehre über den Tod auf ihre Anhänger hat. Sie verdunkelt die Gefahr des ewigen Todes und läßt die Menschen das Rettungsangebot verpassen. In der theistischen Evolutionsvariante wird die Lehre vom Tod aus dem Evolutionskonzept übernommen. Damit unterstellt man, Gott habe diese feindliche Macht (1. Kor 15, 26) in seinen Dienst genommen, um Lebewesen zu schaffen. Das NT ermahnt sehr eindringlich: »Lasset euch von niemand das Ziel verrücken!« (Kol 2,18).

### 3.6 Die Herkunft der Religionen (EW6)

**Evolution:** Die Entstehung der vielen Religionen wird ebenfalls als ein Entwicklungsprozeß verstanden, wobei am Anfang ein einfacher Polytheismus stand, der im Laufe der Zeit zum Monotheismus (Judentum, Christentum, Islam) überging.

**Wissenschaftliche Einwände:** Die Übertragung des entwicklungsgeschichtlichen Gedankens auf die Entstehung der Religionen geschieht einerseits rein willkürlich und andererseits folgt sie logisch aus dem Evolutionsprinzip (vgl. Basissatz E2 der Evolutionslehre). Diese unterstellte Voraussetzung ist nicht geschichtlich begründbar. Die Anwendung des Evolutionsgedankens auf die Bibel läuft deren Konzept völlig entgegen und hat schwerwiegende Folgen:

1. Es wird nicht mehr zwischen menschlichen Gedankensystemen und göttlicher Offenbarung (Gal 1,12; Offb 1,1) unterschieden.
2. Biblische Aussagen werden auf menschliche Ebenen reduziert.
3. Der Unterschied zwischen Rettung und Verlorensein bleibt unbeachtet.

*Lutz v. Padberg* stellt fest [P1, 44]: »Vom biblischen Befund her ist es eine Irrlehre, den anderen Religionen einen 'außerordentlichen Heilsweg' zuzusprechen, denn sie sind antichristlich konzipiert und eingestellt... Die Auflehnung des Menschen gegen die ihm zugewiesene Stellung, eben Mensch und nicht gottgleicher Übermensch (vgl. 1. Mose 3,22) zu sein, führt ihn zur Pervertierung der biblischen Darstellung von Gott und Mensch. Der Mensch will die Wahrheit des Schöpfers nicht anerkennen und kehrt deshalb gleichsam den Schöpfungsvorgang um, pervertiert ihn im wahrsten Sinne des Wortes: Er will nicht mehr Gottes Ebenbild sein, sondern macht Gott zu seinem, des Menschen, Ebenbild. Das ist der Ursprung der Religionen, die deshalb manche Versatzstücke des christlichen Glaubens beinhalten, weil ihrer Begründung das von Paulus erwähnte ›Erkennbare Gottes‹ (Röm 1,19) vorausging.«

**Bibel:** Nach der Bibel verfügen alle Menschen über drei grundlegende Informationen, die ihnen schöpfungsmäßig mitgegeben sind:

1. Aus den Werken der Schöpfung können wir auf den dazu notwendigen Schöpfer schließen (Röm 1,19-21; Teleologie-Aspekt: vgl. Basissatz S5).
2. Unser Gewissen bezeugt uns, daß wir vor Gott schuldig sind (Röm 2,14-15).
3. Wir haben alle die Ahnung der Ewigkeit, weil Gott sie in unser Herz gelegt hat (Pred 3,11).

Dieses allgemeine Wissen hat die Erfindergabe der Menschen unsagbar angeregt und zu Tausenden von eigenen Wegen in Form der Religionen geführt. Schon bei Kain und Abel wird der Unterschied zwischen dem menschlichen Weg der Religion und dem göttlichen Weg deutlich. Kain ist der erste, der nach eigenen Vorstellungen Gott dienen wollte; er wird damit zum Begründer der ersten Religion. Kain vertrat keineswegs einen Polytheismus, wie er als evolutionistische Ausgangsform unterstellt wird. Sein Bruder handelte nach dem Willen Gottes und wird darum als Vorbild eines Gott wohlgefälligen Glaubens genannt (Hebr 11,4). Unsere Kette des Glaubens reicht somit rückwärtig über Abraham, Noah und Henoch bis zu den ersten Menschen hin. Damit ist gezeigt: Der Gott wohlgefällige Glaube war von Anfang an da – der Monotheismus ist also kein evolutives Ergebnis –, und parallel dazu entstanden Religionen als menschliche Ideen. Obwohl Kain mit seinem Opfer noch den Gott der Bibel meinte, wurde es dennoch nicht gnädig angesehen (1. Mo 4,5). Wieviel mehr wird dann verständlich, daß Gott alle Religionen, die ja nicht den Vater JESU CHRISTI ehren, als Götzendienst und Zauberei verurteilt (3. Mo 26,1; Ps 31,7; Jer 10,14-15; 2. Kor 6,16). Die gelegentlich vertretene Auffassung, daß die Menschen in anderen Religionen auch auf dem Weg zu Gott seien, wird von der Bibel unmißverständlich zurückgewiesen: »Denn alle Götter der Völker sind Götzen« (Ps 96,5), und »kein Götzendiener hat Erbe an dem Reich CHRISTI und Gottes« (Eph 5,5). Der gravierende Unterschied in der Herkunft von biblischem Glauben (von

Gott) und den Religionen (von Menschen) hat nicht minder schwerwiegende Folgen: Während der Weg Gottes ewige Rettung bringt, versperren die Religionen den Weg zur Erlösung (ausführlicher hierzu in [G4]).

### 3.7 Das sog. »Biogenetische Grundgesetz« (EW7)

**Evolution:** Von den Zeitgenossen *Darwins* (1809-1882) war *Ernst Haeckel* (1834 -1919) der wohl heftigste Vertreter der Evolutionslehre in Deutschland. Von ihm stammt das »Biogenetische Grundgesetz«, wonach das Tier, aber auch der Mensch bei seiner Embryonalentwicklung in kurz geraffter Form alle Stadien seiner evolutiven Stammesgeschichte durchläuft. Dies wurde von ihm und seinen Nachfolgern als eines der stärksten Argumente für die Evolution angeführt. Bis in unsere Tage hinein taucht diese Argumentation in den Schulbüchern auf.

**Wissenschaftliche Einwände:** Sogar der überzeugte Evolutionist *Bernhard Rensch* gibt zu [R1, 89-90]: »Das von *Haeckel* formulierte ›Biogenetische Grundgesetz‹ besagt, daß die individuelle Entwicklung eine abgekürzte Wiederholung der Stammesgeschichte darstellt. Diese Version ist indes nicht zutreffend, weil man Embryonalstadien nicht erwachsenen Stadien stammesgeschichtlicher Vorfahren gleichsetzen kann.« Noch deutlicher wird *D. S. Peters* vom Senckenberg-Institut, wenn er klarstellt [P3, 67]: »Für das Biogenetische Grundgesetz wie auch für ähnliche Vorschriften ergibt sich daraus nur eine Konsequenz: Man sollte es vergessen. Das klingt radikal, aber es ist die einzige Maßnahme, die verhindert, daß auch in Zukunft Phylogenetik mit falschen oder doch belanglosen Argumenten betrieben wird.« Er plädiert dafür, daß »man das Biogenetische Grundgesetz nunmehr im historischen Achiv zu den Akten legt.« Auf der Basis jahrzehntelanger Forschung begründete der bekannte

Göttinger Humanembryologe *Erich Blechschmidt* das »Gesetz von der Erhaltung der Individualität«, das für die Biologie von ähnlich grundlegender Bedeutung ist wie das Gesetz von der Erhaltung der Energie in der Physik [B4]. Das *Haeckelsche* Biogenetische Grundgesetz hat er damit als einen der fundamentalsten Irrtümer entlarvt. So wurden die angeblichen Kiemen in der Frühentwicklung des Menschen als ein historischer Beleg der Gestaltbildung im Sinne einer Rekapitulation angesehen. Diese Annahme hat *Blechschmidt* durch seine Forschungsergebnisse widerlegt, denn die »Kiemen« stellen im gerichteten dynamischen Wachstumsprozeß charakteristische Beugefalten zwischen Stirn und Herzwulst dar. Weitere Ausführungen hierzu in [J3].

**Bibel:** Es gibt eine Auffassung, wonach Gott zwar alles geschaffen hat, aber nach der Schöpfung hat er in dieses »aufgezogene Uhrwerk« nicht mehr eingegriffen. Diese in England seit der Aufklärung entstandene Denkrichtung (Deismus) findet keinerlei Halt in der Bibel. Gott ist der ständig handelnde Herr in der Geschichte, wie das Beispiel Israel besonders eindrücklich beweist. Im besonderen hat er durch die Sendung seines Sohnes JESUS CHRISTUS in diese Welt eingegriffen. Auch bei jeder Menschwerdung in der Embryonalentwicklung handelt es sich immer wieder um ein direktes Werk des Schöpfers: »Denn du hast meine Nieren bereitet und hast mich gebildet im Mutterleibe. Ich danke dir dafür, daß ich wunderbar gemacht bin; wunderbar sind deine Werke, und das erkennt meine Seele wohl« (Ps 139,13-14). Bei der Berufung des Jeremia verweist Gott sogar darauf, daß er ihn schon vor der Zeugung für die ihm zugedachte Aufgabe plante: »Ich kannte dich, ehe denn ich dich im Mutterleibe bereitete, und sonderte dich aus, ehe denn du von der Mutter geboren wurdest, und stellte dich zum Propheten unter die Völker« (Jer 1,5). Von diesem schöpferischen Handeln Gottes weit vor seiner Geburt weiß auch der Psalmist (Ps 139,16).

Wäre unsere heutige Gesetzgebung nicht von evolutionistischen Positionen, sondern von der Bibel her geprägt, gäbe es nicht die heutige Abtreibungspraxis. In der Bundesrepublik wird der Mutterleib zur Mordstation Nr. 1, denn eine der Einwohnerzahl Braunschweigs entsprechende Quote wird jährlich unbarmherzig ausgerottet. Auf drei Entbindungen kommt eine Abtreibung. Das geschieht in einem der reichsten Länder der Erde mit der Begründung: »soziale Indikation«. Zur Sünde des Mordens kommt die Sünde der Lüge hinzu.

### 3.8 Die Wesensstruktur des Menschen (EW8)

**Evolution:** Die Leib/Seele/Geist-Wirklichkeit des Menschen fällt im Evolutionssytem einem unangemessenen Reduktionismus zum Opfer. Materie und Geist unterscheiden sich hiernach nicht prinzipiell, sondern lediglich in ihrer Kompliziertheit. So lesen wir bei *Wuketits* [W5, 140]: »Physische Strukturen und die mit ihnen auftretenden psychischen Phänomene sind zwei evolutiv miteinander verknüpfte Bereiche, die jedoch unterschiedliche Komplexitätsstufen formieren ... Wir dürfen also im buchstäblichen Sinne des Wortes von einer natürlichen Bedingtheit des Geistigen sprechen, und damit der Hoffnung Ausdruck verleihen, daß der alte Leib-Seele-Hiatus endgültig überwunden ist.« Diese Auffassung hatte schon *Friedrich Engels*, der Mitbegründer des Marxismus, vertreten: »Die stoffliche, sinnlich wahrnehmbare Welt, zu der wir selbst gehören, ist das einzig Wirkliche ... Die Materie ist nicht ein Ereignis des Geistes, sondern der Geist ist nur das höchste Produkt der Materie.« Der Evolutionspsychologe *Hellmuth Benesch* postuliert nach der chemischen und organismischen als »dritte« die psychische Evolution [B2, 19]: »Auch der Geist hat eine Evolution durchschritten. Es gibt gleichsam eine Paläontologie der Seele.«

**Wissenschaftliche Einwände:** Der Verhaltensbiologe *Hans Zeier* stellt fest [E1, 15]: »Aus naturwissenschaftlicher Sicht können wir eigentlich keine direkten Aussagen über Ursprung und Wesen des menschlichen Geistes machen.« Bei den zum Thema Geist und seiner Herkunft im Evolutionssystem geäußerten Behauptungen handelt es sich nicht um wissenschaftliche Ergebnisse, sondern durchweg um evolutionistische Basissätze, die vorausgesetzt werden. So schreibt *H. Benesch* [B2, 147]: »Einer der entscheidenden Grundgedanken dieses Buches ist der konsequente Grundsatz, Psychisches nicht nur als evolutionär entstanden anzuerkennen, sondern als evolutionär entstanden darzustellen und zu respektieren.« Daran wird erneut der Basissatz E1 der Evolutionslehre offenkundig, d. h. Evolution ist nicht das Ergebnis der Forschung; vielmehr werden auch hier die Fakten zur vorgegebenen Lehre noch gesucht. So gilt es für ihn noch zu zeigen, daß »Psychisches allmählich aus den Funktionen der Nervenzellen herausgewachsen ist«. Dabei gibt er zu bedenken [B2, 147]: »Wie wir aus der Geschichte der Abstammungslehre wissen, war das kein wissenschaftlicher Spaziergang. Ähnlich hart und steinig ist auch der folgende Weg.« Dabei sieht er sich auf einem parallelen Weg mit *Darwin* [B2, 14]: »Wenn man bedenkt, mit wie wenig Wissen *Darwin* der Abstammungslehre zum Sieg verholfen hat, kann man die Versäumnisse der Psychologen abschätzen. Sehr viele zaudern auch heute noch, ...eine auf ... der Evolution fundierte Psychologie aufzubauen... In der psychokybernetischen Wende im Abstammungsproblem des Geistes liegt die Chance eines großen Sprungs nach vorn.«

Jene Psychologieschulen (Behaviorismus von *Watson* und *Skinner*, Instinktivismus von *K. Lorenz*), die von einem eindimensionalen, materiellen Bild des Menschen ausgehen – und damit evolutionistisch sind –, können heute als vollständig überholt angesehen werden, da sie wichtige Aspekte nicht erfaßten (z. B. Freiheit, Verantwortung, Destruktivität). *Sigmund Freud* sah in der Psyche einen transzendenten Anteil, also eine unabhängige Struktur mit eigenen Gesetzmäßigkeiten, wodurch erstmals der enge Determinismus überwunden wurde. *Erich Fromm* hat dieses Modell weiterentwickelt, in dem nun Identität und Wille eine wesentliche Rolle spielen. Freiheit, Verantwortung und willentliche Entscheidung für gut und böse haben darin einen angemessenen Platz.

Hinzuweisen ist auch auf die dualistische Interaktionstheorie des Nobelpreisträgers *John Eccles*, der zu Recht über die gängigen unrealistischen materialistischen Theorien klagt [E1]. Er gelangt somit auch zu dem Schluß, daß der Tod nicht das Ende des menschlichen Daseins bedeutet [E1, 190]:« Die Komponente unserer Existenz in Welt 2 ist nicht materieller Art und braucht daher beim Tod des Menschen nicht der Auflösung unterworfen zu sein, der alle zu Welt 1 gehörenden Komponenten des Individuums anheimfallen.«

Im Evolutionssystem steht man vor der schier unüberwindlichen Kluft zwischen Materie und Geist, Gehirn und Bewußtsein, Leib und Seele, denn gemäß Basissatz E3 kommen zur Deutung nur rein materielle Komponenten in Betracht. *Horst W. Beck* weist auf die Schwierigkeit hin, den ganzen Menschen wissenschaftlich zu erfassen: »Die nahe Wirklichkeit kann betrachtend und reflektierend nur bedingt ›gegenständlich‹ sein. Der Mensch ist und bleibt für sich selbst das größte Rätsel.« Den Menschen alleine auf materieller Basis zu betrachten, so wie es evolutionistische Denkweisen tun, ist wissenschaftlich nicht haltbar.

**Bibel:** Ohne biblische Offenbarung vermögen wir das Wesen des Menschen in der Tat nicht zu begreifen. In unserem Zusammenhang ist es unerheblich, ob wir es mit einer dreigliedrigen Komplementarität (Trichonomie von Leib/Seele/Geist wie bei *H. W. Beck* und *W. Nee*) oder nur mit zwei konstituierenden Bestandteilen (Dichotomie von Leib/Seele-(Geist) wie bei *J. Neidhart*) zu tun haben. Wie bereits im EW1 dargelegt, muß beim Menschen deutlich zwischen materiellen (Leib: griech. *soma*) und immateriellen Komponenten (Seele: hebr. *näphäsch*, 754mal im AT, griech. *psyche*, 101mal im NT; Geist: hebr. *ruach*, 378mal im AT, griech. *pneuma*, 379mal im NT) unterschieden werden. Eine grundlegende Aussage zur strukturellen Beschreibung des Menschen finden wir in 1. Thessalonicher 5,23: »Er aber, der Gott des Friedens, heilige euch durch und durch, und euer Geist ganz samt Seele und Leib müsse bewahrt werden unversehrt, unsträflich auf die Ankunft unseres Herrn JESUS CHRISTUS.« An dieser Schwelle sind alle Evolutionskonzepte, die definitionsgemäß nur Materielles zulassen, in ihre Grenzen verwiesen. Geist und Seele sind immaterielle Bestandteile, über deren Herkunft (1. Mo 2,7) und Verbleib nach dem Tode (Pred 12,14; Ps 16,10) die Bibel verbindliche Aussagen trifft. Im Sündenfall wurde der Geist des Menschen todkrank. In der Bekehrung (vgl. *Bild 1*) wird er von neuem geboren (Wiedergeburt), d. h. lebendig. Dieser Vorgang im irdischen Leben eines Menschen ist notwendig, um das Heil zu erlangen.

### 3.9 Das Verhalten des Menschen (EW9)

Ob der Mensch »gut« oder »böse« ist, hat viele Dichter und Denker bewegt und sie zu mancherlei Theaterstücken, Gedichten und Erzählungen inspiriert. Es ist die Grundlage wohl aller Philosophien, daß der Mensch im Grunde seines Wesens gut sei (z. B. Humanismus, Marxismus). In unserem Zusammenhang wollen wir hierzu die Aussage der Evolution betrachten.

**Evolution:** An Hand mehrerer Zitate soll belegt werden, daß hier die einhellige Meinung besteht, der Mensch sei ein aggressives, selbstsüchtiges Wesen. So schreibt der Biologe *Joachim Illies* [I1, 85]: »Der Faustkeil als Mittel, um die Aggression wirksamer zu gestalten und durchzusetzen, ist tatsächlich der greifbare Beweis für die Menschwerdung.« Noch deutlicher wird der Freiburger Biologe *Hans Mohr* [M2, 16-17]: »Der Mensch, die Art Homo sapiens, ist seinerzeit – gegen Ende des Pleistozäns – als Ergebnis einer natürlichen Selektion entstanden, in der Auseinandersetzung ... im Kampf mit anderen Hominiden und mit seinesgleichen. Daraus folgt zwangsläufig, daß Haß und Aggression, die Neigung zum Töten, dem Menschen angeboren sind ... Mord, Totschlag, Folter und Genocid markieren die Kulturgeschichte des Menschen. *Pol Pots* Mörderkinder sind kein einsamer Exzeß, sondern eher die Regel. Auch die Ritualisierung des Mordes – der ritterliche Kampf, das Duell, die Haager Landkriegsordnungen – sollte niemand darüber hinwegtäuschen, daß das ritualisierte, sozusagen kultivierte Töten und das rücksichtslose, erbarmungslose, lustbetonte Morden dieselbe genetische Grundlage haben.« *Mohr* stellt die konsequente Frage: »Wie sind wir zu diesen entsetzlichen Genen gekommen?« Seine Antwort, uns haften noch »die Eierschalen der Evolution« an, paßt gut ins Denkgebäude der Evolution hinein, ist aber – wie wir nun zeigen werden – biblisch falsch.

**Bibel:** Auch die Bibel beschreibt das Wesen des Menschen keineswegs als gut. Schon wenige Zitate ergeben ein klares Bild der Diagnose Gottes über den Menschen:

1. Mose 8,21: »Das Dichten und Trachten des menschlichen Herzens ist böse von Jugend auf.«
Psalm 14,3: »Aber sie sind alle abgewichen und allesamt untüchtig; da ist keiner, der Gutes tue, auch nicht einer.«
Jesaja 1,5-6: »Das ganze Haupt ist krank, das ganze Herz ist matt. Von der Fußsohle bis aufs Haupt ist nichts Gesundes an ihm.«

Matthäus 15,19: »Denn aus dem Herzen kommen arge Gedanken, Mord, Ehebruch, Unzucht, Dieberei, falsch Zeugnis, Lästerung.«

Der *faktische Befund* über das menschliche Verhalten ist damit sowohl in der Evolutionslehre als auch in der Bibel vergleichbar. Zwischen den *Begründungen* dieses Sachverhalts liegen allerdings Welten. Was die Evolutionslehre als unvermeidliche Hypothek aus dem Tierreich deutet, markiert die Bibel als Folge des Sündenfalles. Zu diesem gravierenden Ereignis gibt es ein »Davor«, das den Menschen in Gottesebenbildlichkeit sieht (1. Mo 1,27; Ps 8,6), und ein »Danach«, das ihn als böses (1. Mo 8,21), vergehendes (Ps 90 5-9) und verlorenes Wesen (2. Kor 4,3) kennzeichnet. »Der Mensch ist nicht böse geschaffen« (Sir 10,22), sondern erst durch den Fall böse geworden. Hieraus folgen zwei grundverschiedene Wege: Ist der Mensch sündig, so braucht er Erlösung (vgl. Kap. 8.5), ist sein Fehlverhalten als Evolutionsfaktor deutbar, so braucht er sie konsequenterweise nicht.

# 4. Beiträge zur Astronomie

## 4.1 Die Herkunft des Universums (EW10)

Der britische Professor für Theoretische Physik *Paul Davies* hat die Problematik der Herkunftsfrage des Universums deutlich umrissen [D1, 28]:

> »Sofern das Universum keinen Ursprung in der Zeit hatte – das heißt, falls es schon immer existiert hat –, ist es unendlich alt. Wenn es bereits eine unendliche Anzahl von Ereignissen gegeben hat, wieso leben wir dann jetzt? Hat das Universum die ganze Ewigkeit hindurch stillgestanden und ist erst vor kurzer Zeit ›lebendig‹ geworden? Oder hat es schon immer eine Art von Aktivität gegeben? Wenn andererseits das Universum einen Anfang hatte, muß man davon ausgehen, daß es plötzlich aus dem Nichts entstanden ist. Das scheint ein Urereignis vorauszusetzen. Wenn es aber etwas derartiges gegeben hat, was war dessen Ursache?«

**Evolution:** Nach dem Standardmodell der Kosmologen ist das Weltall im sogenannten Urknall entstanden. Heutigen Beobachtungen zufolge beschreibt die *Hubble*-Konstante mit $H = 55$ (km/s)/Mpc $= 1{,}78 \cdot 10^{-18}\ s^{-1}$die derzeitige Ausdehnungsgeschwindigkeit des Weltalls. Unterstellt man eine ständig gleichbleibende Ausdehnung, dann gibt der Kehrwert $1/H = 18 \cdot 10^9$ Jahre jenen Zeitpunkt an, in dem man sich alle Materie quasi auf einen Punkt komprimiert denkt. Mit Hilfe dieser extremen Extrapolation wird im Evolutionsmodell das Alter des Universums definiert. Nach *R. Breuer* liegt der evolutiven Kosmologie folgender Zeitplan gemäß *Tabelle 1* zugrunde [B7, 86]:

| Zeit nach dem Urknall | Vorgang |
|---|---|
| 0 | Urknall |
| 1 Woche | Strahlung im Universum wird thermisch |
| 10 000 Jahre | Materiekondensation |
| 1 bis $2 \cdot 10^9$ Jahre | Entstehung von Galaxien |
| $3{,}0 \cdot 10^9$ Jahre | Entstehung von Galaxienhaufen |
| $4{,}1 \cdot 10^9$ Jahre | Entstehung der Sterne |
| $15{,}2 \cdot 10^9$ Jahre | Urwolke der Sonne kollabiert |
| $15{,}4 \cdot 10^9$ Jahre | Entstehung der Planeten (Erde usw.) |
| $16{,}1 \cdot 10^9$ Jahre | Entstehung der ältesten Gesteine auf der Erde |
| $18{,}0 \cdot 10^9$ Jahre | Entwicklung einer sauerstoffreichen Atmosphäre |

*Tabelle 1:* Zeitvorstellungen der evolutiven Kosmologie (nach *R. Breuer*)

Die Erde ist danach eine sehr späte Erscheinung in unserem Universum. Sie ist nach dieser Vorstellung durch Abtrennung aus der Sonne oder der sie umgebenden Masse entstanden. Der Astronom *O. Heckmann* gibt zu bedenken [H4, 132]: »Die Folgerungen können allmählich so ungenau werden, daß sie den Zusammenhang mit dem empirischen Ursprung der Kette fast völlig verlieren. Das ist ein gemeinsamer Zug aller wissenschaftlichen Deduktionen und gilt besonders in der Kosmologie mit ihren manchmal unendlichen Extrapolationen.«

**Wissenschaftliche Einwände:** Die obige Annahme, daß die Ausdehnungsgeschwindigkeit *immer* so gewesen ist (vgl. Basissatz E8 der Evolutionslehre), ist rein willkürlich. Außerdem wird unterstellt, daß es die errechneten Zeiten auch wirklich gegeben hat. Was aber, wenn eine derartig lange Zeitachse bis zur Gegenwart gar nicht vorhanden war? Die Frage nach dem *»Woher«* der Materie bliebe dennoch unbeantwortet. Der Physik-Nobelpreisträger (1979) *Steven Weinberg* gibt in seinem Buch *»Die ersten drei Minuten«* [W2, 129] das rein Spekulative der Urknalltheorie zu:

> »Vielleicht hat der Leser nach dieser Schilderung der ersten drei Minuten den Eindruck einer leicht übertriebenen Theoriengläubigkeit gewonnen. Er mag recht darin haben... Oft muß man seine eigenen Zweifel vergessen und die Konsequenzen der eigenen Annahmen weiterverfolgen, gleichgültig, wohin sie auch führen mögen... Damit ist nicht gesagt, daß dieses Modell richtig ist... Es besteht allerdings eine große Ungewißheit, die wie eine dunkle Wolke über dem Standardmodell (= Urknallmodell) schwebt.«

Es ist das erklärte Ziel der Kosmologie, die Struktur, die Beschaffenheit und die Entstehung des Universums sowie der Erde allein »im Rahmen unserer Naturgesetze verstehen zu wollen«. Diese einengende Denkweise schließt das planende und zielorientierte Handeln eines Schöpfergottes von vornherein aus; außerdem befinden wir uns thematisch außerhalb naturwissenschaftlicher Aussagereichweite (vgl. Basissatz S3). Die von *Wuketits* ausgesprochene, rein materialistische Einengung [W5, 98] »Es gibt kein vorgegebenes Ziel...Es gibt keinen planenden Geist, weil sich die Evolution selbst plant und ihre Gesetze schafft« ist wissenschaftlich unbegründbar. Gegen die obige Modellvorstellung gibt es schon auf rein wissenschaftlicher Ebene eine Reihe von Einwänden, von denen hier nur zwei genannt seien:

**1.** Die Planeten vereinen auf sich rund 98 Prozent des Drehimpulses im Sonnensystem, obwohl sie nur 1 Prozent der Gesamtmasse ausmachen. Diese extremen Relationen

schließen eine Entstehung der Erde und der anderen Planeten aus der Sonnenmasse aus.
**2.** Die Erde verfügt über eine große Fülle astronomischer und geophysikalischer Besonderheiten, die das biologische Leben erst ermöglichen. Dazu ist es erforderlich, daß zahlreiche Parameter mit präzisen Werten innerhalb sehr enger Grenzen gleichzeitig zusammentreffen. Diese im folgenden genannten Bedingungen mit Hilfe der sogenannten Nebularhypothese deuten zu wollen, ist in höchstem Grade unwahrscheinlich (ausführlicher in [G8]):

- der richtige Abstand der Erde von der Sonne
- die elliptische Bahn der Erde um die Sonne mit einer geringen Exzentrizität
- die gleichmäßige Wärmestrahlung der Sonne
- die richtige Rotationsdauer der Erde
- die optimale Schräglage der Erdachse zur Ekliptik
- die richtige Größe und Masse der Erde
- der richtige $CO_2$-Anteil in der Erdatmosphäre
- der richtige $O_2$-Anteil in der Erdatmosphäre
- der richtige Mondabstand von der Erde.

**Bibel:** Für das Universum (Kosmos, Weltall) gibt es in der Bibel mehrere Bezeichnungen. Das griechische *»kosmos«* im NT meint mit *»Welt«* zwar häufig nur den abgeschlossenen Bereich der Erde (z. B. Joh 3,16; Hebr 10,5), aber auch das gesamte Weltall (z. B. Mt 24,31; Apg 17,24). Der Begriff *»ta panta«* umfaßt ebenso das ganze All (Eph 1,23). Im AT wird erstmals bei Jeremia ein eigenständiges Wort für das Universum (hebr. *hakkol*) verwendet: »Denn er ist es, der das All gebildet hat« (Jer 10,16; E). Im Schöpfungsbericht sind die Bezeichnungen »Himmel (hebr. *schamajim*) und Erde« (1. Mo 1,1) oder »Erde und Himmel« (1. Mo 2,1) Synonyme für das ganze Universum. Nicht nur der erste Vers der Bibel, sondern zahlreiche andere Belegstellen (z. B. Neh 9,6; Ps 102,26; Ps 136,5) weisen Gott als den Schöpfer eines vollen-

deten Weltalls aus, bei dem die Gestirne sich nicht erst in einem Milliarden Jahre währenden Prozeß entwickelten, sondern von Anbeginn fertig waren (Hebr 4,3). Damit ist auf die von *Davies* erfragte Ursache eindeutig verwiesen.
Das physikalische *»Gesetz von der Erhaltung der Energie«* besagt, daß in unserer Welt Energie weder aus dem Nichts gewonnen noch vernichtet werden kann. Wie aber ist dann die Energie des Weltalls entstanden? Es bleibt auch von daher nur ein Schöpfungsakt als einzige Lösung übrig.

Die Erde und alle übrigen Gestirne des Universums entstammen also nicht einem gemeinsamen Urknall; sie wurden unabhängig voneinander und an verschiedenen Tagen erschaffen. Am ersten Schöpfungstag schuf Gott das noch gestirnlose Universum und allein die Erde darin. Erst am vierten Schöpfungstag – bis dahin gab es schon Pflanzen auf der Erde – kamen dann die anderen Gestirne hinzu. Bis auf den Unterschied von drei Tagen sind damit alle Gestirne des Universums gleich alt. Das ist konzeptionell etwas grundlegend anderes als es im Modell der kosmologischen Evolution vertreten wird. Die Erde begann auch nicht als glühender Feuerball, sondern hatte am Anfang eine kühlende Wasseroberfläche (1. Mo 1,2). Sie ist nicht ein zufällig aufgetretenes Nebenprodukt bei der kosmischen Explosion, sondern – wie auch das gesamte Universum – planvoll gestaltet: »Du hast vormals die Erde gegründet, und die Himmel sind deiner Hände Werk« (Ps 102,26). Im Gespräch mit Hiob macht Gott ihm das Konzeptionelle, d. h. die Festlegung der astronomischen und physikalischen Daten sowie die geometrischen Abmessungen bei der Gestaltung der Erde deutlich: »Wo warst du, als ich die Erde baute? Sprich es aus, wenn du Einsicht besitzest! Wer hat ihre Maße bestimmt (oder: ihren Bauplan entworfen) – du weißt es ja – oder wer hat die Meßschnur über sie ausgespannt?« (Hi 38,4; *Menge*). Im Angesicht der biblischen Berichte erweist sich die evolutive Sicht für die Herkunft der Erde und des Universums als eine Serie von Falschmeldungen.

## 4.2 Die Zukunft des Universums (EW11)

**Evolution:** Aus evolutionistischer Sicht gibt es kein zeitliches Ende des Universums. So schreibt der Astrophysiker *R. Breuer* [B7, 49]: »Die Gravitation ist der treibende Motor, der auch ein *ewig expandierendes* Universum, entgegen dem rein thermischen Wärmetod, in Bewegung hält.« *Breuer* nennt sogar einige dieser spekulativen zukünftigen Zeitmarken des Universums. Nach $10^{20}$ Jahren ist demnach die klassische Evolution des Kosmos abgeschlossen; dann folgt die quantenmechanische Ära des Universums, wobei nach $10^{45}$ Jahren die Protonen durch Schwerkraftkollaps zerfallen. »Kugeln aus blankem Eisen in unheimlicher Kälte und Finsternis bestimmen das Bild nach $10^{1500}$ Jahren« (S. 55). Auch da ist noch kein Ende abzusehen, wenn der amerikanische Princeton-Physiker *Freeman Dyson* über alle zeitlichen Grenzen extrapoliert: »Soweit wir uns die Zukunft vorstellen können, ereignen sich immerfort Dinge. In einem offenen Kosmos hat Geschichte kein Ende.«

**Wissenschaftliche Einwände:** Wir wissen nicht, ob wir in einem offenen oder geschlossenen Universum leben; auch ist uns die geometrisch-astronomische Struktur des Universums völlig unbekannt. So bleibt die einzig ehrliche Antwort bezüglich der Zukunft des Universums: Wir können keine wissenschaftlich begründeten Voraussagen treffen.

**Bibel:** Wenn es einen gibt, der die Welt geschaffen hat, kann nur dieser uns etwas Verbindliches über deren Zukunft nennen. Das Wort Gottes schildert uns diese Welt nicht als eine sich immer höher entwickelnde (z. B. wie bei *Teilhard de Chardin* als Evolutionsprozeß zum Punkt Omega hin), sondern als eine seit dem Sündenfall der »Vergänglichkeit unterworfene« (Röm 8,20-21). Der Herr JESUS bezeugt in Matthäus 24,35: »Himmel und Erde werden vergehen!« Dieses zeitliche Ende des Universums wird auch an anderen Stellen der Bibel betont:

| | |
|---|---|
| Ps 102,26-27: | »Du hast vormals die Erde gegründet, und die Himmel sind deiner Hände Werk. Sie werden vergehen, aber du bleibst.« |
| Jes 34,4: | »Und wird alles Heer des Himmels verfaulen, und der Himmel wird zusammengerollt werden wie ein Buch.« |
| Jes 51,6: | »Der Himmel wird wie ein Rauch vergehen und die Erde wie ein Kleid veralten.« |
| 2. Petr 3,10+13: | »Es wird aber des Herrn Tag kommen wie ein Dieb; dann werden die Himmel zergehen mit großem Krachen; die Elemente aber werden vor Hitze schmelzen, und die Erde und die Werke, die darauf sind, werden verbrennen. Wir aber warten eines neuen Himmels und einer neuen Erde nach seiner Verheißung.« |
| Offb 6,14: | »Und der Himmel entwich, wie ein Tuch zusammengerollt wird.« |

### 4.3 Das Zentrum des Universums (EW12)

**Evolution:** Denkt man die Urknallhypothese wie *Wuketits* zu Ende, dann rückt der Mensch mit seinem Dasein auf dem Zufallsstaubkorn Erde in die absolute Bedeutungslosigkeit [W6, 40]: »Das Weltall ist taub für unsere Freudentänze wie auch für unsere Klagelieder, und niemand dürfte es ›da draußen‹ in den unendlichen Weiten des Kosmos bedauern, wenn eine Spezies ihr Projekt einer Selbstausrottung beendet. Es tut mir leid, diesen Ausblick aus der Untersuchung der Evolution unseres Denkens eröffnen zu müssen.« Wer allein von der geometrischen Lage der Erde innerhalb unserer Milchstraße urteilt, mag uns wie *Nietzsche* als »kosmische Eckensteher« oder wie *Monod* als »Zigeuner am Rande des Universums« ansehen.

**Wissenschaftliche Sicht:** Nach heutiger astronomischer Erkenntnis hat unser Universum – in Übereinstimmung mit der Evolutionslehre – keinen ausgezeichneten geometrischen Punkt. Somit gibt es auch kein geometrisches Zentrum und ebenfalls keinen definierten Rand. Kein Ort ist gegenüber einem anderen durch seine Position im All hervorgehoben. Damit wird allerdings auch die obige Aussage von *Monod* hinfällig.

**Bibel:** Die Erde ist dennoch das Zentralgestirn des gesamten Universums, zwar nicht von den geometrischen Abmessungen oder ihrer Lage im Universum her, sondern von der ihr von Gott zugewiesenen Rolle. Gott schuf die Erde als allererstes Gestirn; damit ist ihre Bedeutung unter $10^{25}$ anderen Himmelskörpern schon herausgestellt. Der Schöpfungsbericht zeigt uns an, wie die Erde Tag um Tag zubereitet wird, um dem Menschen eine Wohnstatt zu geben. Gottes Interesse konzentriert sich auf diesen Planeten: »Siehe, der Himmel und aller Himmel Himmel und die *Erde* und alles, was darinnen ist, das ist des Herrn, deines Gottes« (5. Mo 10,14). Hier hat er in seinen Schöpfungswerken die meisten Ideen realisiert, so daß der Psalmist feststellt: »Die Erde ist voll deiner Güter« (Ps 104,24). Von welchem anderen Gestirn als von der Erde hat Gott gesagt: es ist der »Schemel meiner Füße«? (Jes 66,1; Apg 7,49). Am deutlichsten aber hat Gott die Erde zum Zentralgestirn werden lassen durch die Sendung seines Sohnes. JESUS CHRISTUS wurde hier um unseretwillen Mensch. Er tilgte die Sünde des Menschen an *der* Stelle des Universums, wo sie hineingekommen war, nämlich auf der Erde! Das Kreuz unserer Rettung stand auf Golgatha und nirgendwo anders im All. Von der Erde aus fand die Himmelfahrt JESU statt, und hierher kommt der erhöhte Herr bei seiner Wiederkunft.

Schon diese wenigen kosmologischen Beiträge aus der Bibel zeigen, daß evolutionistische Gedanken ihrem Wesen völlig fremd sind.

# 5. Beiträge zur Biologie

## 5.1 Das erste Leben auf der Erde (EW13)

**Evolution:** Nach dieser Leitidee kann das erste Leben nur im Wasser (Ursuppe) entstanden sein; es bedurfte außerdem einer gewissen Wassertiefe, da eine schützende Wasserschicht die das Leben gefährdenden UV-Strahlen absorbieren mußte. Nach der Entwicklung zu Mehrzellern kam es dann irgendwann zu dem uns unbegreiflichen »Sprung des Lebens« vom Wasser aufs Land.

**Wissenschaftliche Einwände:** Dieser angenommene Übergang vom Wasser- zum Landlebewesen bringt eine Reihe von Problemen mit sich, die am selben Tier – also nicht im Laufe von Generationen – zu lösen sind, wenn ein Weiterleben unter den neuen Bedingungen überhaupt möglich sein soll. Nur auf einige Probleme soll hier hingewiesen werden:

**1.** *Höhere Eigenlast:* Im Wasser wiegt jeder Körper um soviel weniger wie die von ihm verdrängte Wassermenge wiegt (Archimedisches Prinzip). Wenn sich ein Lebewesen dazu »entschließt«, an Land zu gehen, muß es sein gesamtes Eigengewicht selbst tragen. Das bedingt für den Körper eine feste Konstitution und ein tragfähigeres Skelett. Durch das größere Gewicht ergibt sich außerdem ein zusätzlicher Energiebedarf von 40 %.

**2.** *Neues Atmungskonzept:* Der für die Stoffwechselprozesse erforderliche Sauerstoff muß statt aus dem Wasser nun aus der Luft entnommen werden. Hierfür ist eine völlig neue Atmungskonzeption erforderlich, damit nicht der alsbaldige Tod eintritt.

**3.** *Schwierigere Abfallbeseitigung:* Die Beseitigung der Stoffwechselprodukte wird schlagartig schwieriger, da diese nicht mehr im Wasser »ausgeschwitzt« werden können. An Land muß mit Wasser gespart werden. Dieser Effekt wird deutlich, wenn man bedenkt, daß unsere Nieren z. B. die Abfallprodukte aus 150 Litern ausfiltrieren und mit nur 1 Liter Urin ausscheiden.

**4.** *Verdunstungsproblem:* Wasser ist ein Hauptbestandteil aller Lebewesen. Beim angenommenen Übergang vom Wasser an Land tritt das Phänomen Verdunstung auf. So wird eine geeignete Haut erforderlich, die die Austrocknung verhindert.

**5.** *Starke Temperaturwechsel:* Im Wasser gibt es im Laufe von 24 Stunden nur geringe Temperaturschwankungen. An Land liegen von der Mittagshitze bis zur Nachtkälte oft sehr erhebliche Temperatursprünge. Ein Landlebewesen benötigt entsprechende konzeptionelle Maßnahmen, um damit fertig zu werden.

*K. Hansen* stellt die konsequente Forderung [H1, 29]: »Die Organismen mußten daher erst im Wasser einen höheren Entwicklungsstand erreichen, bis der Schritt an Land gewagt werden konnte.« Hier stößt das Evolutionskonzept auf eine Unmöglichkeit, denn wie sollten die Lebewesen so viele Änderungen grundsätzlicher Art verfügbar haben, um den Wechsel vom Wasser zu Land unbeschadet zu überleben? Der Evolutionsbiologe *G. Osche* [O1, 58] erkennt selbst die Problematik, wenn er zugibt: »Lebewesen können ja während bestimmter Evolutionsphasen nicht wie ein Unternehmer den Betrieb wegen Umbaus vorübergehend schließen.«

**Bibel**: Nach dem biblischen Schöpfungsbericht entstand das erste Leben nicht im Wasser und auch nicht auf evolutivem

Wege, sondern wurde auf dem Land erschaffen. Am dritten Schöpfungstag schuf Gott die Pflanzen (1. Mo 1,11-12) als mehrzellige Lebewesen. Zwei grundlegende Evolutionsannahmen, nämlich, daß das erste Leben im Wasser entstand und daß es mit einem Einzeller («Urzelle«) begann, sind nach biblischer Lehre falsch. Die Wasserlebewesen folgten erst am fünften Schöpfungstag (1. Mo 1,20-23).

## 5.2 »Ein jegliches nach seiner Art« (EW14)

Arten sind für den Biologen jene Grundbausteine des Lebendigen wie es die chemischen Elemente für den Chemiker sind. *Rolf Siewing* definiert den Artbegriff nach zwei Kriterien [S3, 172]:

**1.** Unter *fortpflanzungsbiologischen* Gesichtspunkten ist eine Art eine unter natürlichen Bedingungen existierende fruchtbare Fortpflanzungsgemeinschaft mit ungehindertem Genfluß *(Biospezies)*.
**2.** Unter *strukturellen* Gesichtspunkten weist eine Art den gleichen Bauplan auf *(Morphospezies)*.

**Evolution:** Die Evolutionslehre setzt die Verwandtschaft aller systematischen Kategorien voraus, so daß es demzufolge einen phylogenetischen Stammbaum geben muß. Bei der Aufstellung dieses Baumes steht die Evolutionslehre vor einer unlösbaren Aufgabe. Die Evolutionisten *Peters et al.* (zitiert in [G2, 49]) geben zu: »Man kann keine Rekonstruktionen erstellen, die ›an sich‹ plausibel wären. Es muß ein Maßstab vorhanden sein, an dem ihre Plausibilität gemessen werden kann. Das ist aber in jedem Fall eine vorgeordnete Theorie, in unserem Fall eben die Evolutionstheorie.« Der Zirkelschluß wird hier offenkundig: Was bewiesen werden soll, wird als Voraussetzung vorgegeben. *Siewing* hat die Problematik des Evolutionssystematikers, der die unbekannten und auch nicht ermittelbaren phylogenetischen Zusammenhänge ermitteln will, bildhaft beschrieben [S3, 173]:

»Er befindet sich in der Situation eines Beobachters, der einen überfluteten Obstgarten beobachtet, von dem nur die Endverzweigungen (der Bäume) aus dem Wasser herausschauen. Er weiß nicht, wie diese Zweige untereinander und schließlich mit dem Stamm dieses Baumes verbunden sind. Der unter Wasser verborgene, quantitativ vielfach weit überwiegende Teil der Evolution, entspricht der Überlieferungslücke. Sie muß methodisch überwunden werden.«

**Wissenschaftliche Einwände:** Die entscheidende Grundgröße aller Lebewesen ist die in den Genen festgelegte Information. Für die evolutiv angenommene Stammbaumentwicklung (Phylogenese) gibt es keine steuernde Information, darum ist sie aus der Sicht der Informatik »ein unmöglicher Vorgang« [G9, 16-17]. Bei der Embryonalentwicklung (Ontogenese) hingegen handelt es sich um einen informationsgesteuerten Prozeß. Die neueren Entdeckungen im Bereich der Molekularbiologie haben gezeigt, daß es zahlreiche Mechanismen in der lebenden Zelle gibt, die für eine präzise Informationsübertragung sorgen [S1]. Diese wichtige Grundvoraussetzung für den Bestand der Arten muß auch der Evolutionsbiologe *G. Osche* zugeben [O2, 53]:

»Die Summe der Gene eines Organismus bildet ein fein aufeinander abgestimmtes Team, ein ausbalanciertes 'Genom', durch dessen harmonisches Zusammenwirken eine geordnete Entwicklung eines Lebewesens bestimmt wird. Dieses ausbalancierte Genom stellt demnach ein höchst wertvolles Gut für einen Organismus dar und wird dementsprechend bei jeder Zellteilung, der eine Teilung der Kerne und Chromosomen vorausgeht, jeweils unverändert weitergegeben. Es muß daher vor jeder Zellteilung die Erbsubstanz verdoppelt werden, und zwar derart, daß haargenau wieder dieselbe chemisch definierte Konfiguration entsteht. Durch diese identische Reduplikation der Gene wird die Konstanz des Erbgutes gewährleistet. Sie ist, grob ausgedrückt, dafür verantwortlich, daß z. B. aus den Eiern eines Storches immer wieder Störche schlüpfen, mit allen Eigenschaften, die für diese Vogelart charakteristisch sind.«

Mutation und Selektion können keine Quellen für neu- oder andersartige Information sein (vgl. EW17). Die evolutionistische Annahme, daß aus einfacheren Bauplänen durch Mutation und Selektion komplexere Baupläne hervorgehen können, ist informationstheoretisch falsch. So etwas ist nie beobachtet worden; vielmehr ist es umgekehrt: Die Konstanthaltung des Artgefüges eines Organismus wird als Hauptaufgabe der Vererbung beobachtet. Bei der sexuellen Fortpflanzung werden stets neue Gene zusammengefügt, so daß jedes Einzelindividuum eine unwiederholbare Genkombination darstellt. Die riesig große Genzahl (ca. 1 000 000 bei Säugetieren) und die zahllosen Kombinationsmöglichkeiten sind der Grund dafür, daß es denselben Menschen (oder auch andere zweigeschlechtliche Organismen) nicht noch einmal in dieser Form gibt. Die Fortpflanzung ist nur innerhalb eherner Grenzen möglich, die nicht überschritten werden können. *Reinhard Junker* und *Siegfried Scherer* weisen mit ihrer Grundtypdefinition in diese Richtung [J2, 207]:

»Alle Individuen, die direkt oder indirekt durch Kreuzungen verbunden sind, oder deren Keimzellen nach echter Befruchtung eine Embryonalentwicklung unter Expression des Erbgutes beider Eltern wenigstens beginnen, werden zu einem Grundtyp gerechnet.«

**Bibel:** Im Schöpfungsbericht fällt auf, daß die Lebewesen in klar voneinander abgegrenzten Gruppen – ein jegliches nach seiner Art – geschaffen wurden. Diese knappe Formulierung enthält einige gravierende Folgerungen, die der Evolutionsauffassung völlig widersprechen:

- Die Pflanzen- und Tierarten sowie der Mensch entstammen separaten Schöpfungsakten. Eine phylogenetische Verwandtschaft ist damit ausgeschlossen.
- Die Vielfalt der Fortpflanzungsmechanismen ist nicht auf evolutivem Wege entstanden, sondern sie sind alle ursprünglich geschaffen: »da ein jeglicher nach seiner Art Frucht trage und habe seinen eigenen Samen bei sich selbst« (1. Mo 1,11 b).
- Es gibt keinen Lebensanfang in Form einer Urzelle, aus der sich alles andere Leben emporentwickelt hat.
- Die Arten sind in sich abgeschlossen und fertig. Es gab demnach also keinen Urbaum, keinen Urfisch, keinen Urvogel und auch keinen Urmenschen.
- Die im Schöpfungsbericht genannten *»Arten«* (hebr. *min*; nur im Singular auftretend!) sind wohl am besten mit der o. g. Grundtypdefinition erfaßt. Gott schuf also die jeweiligen Grundtypen, die eine weitere Auffächerung in Rassen ermöglichte.

### 5.3 Die Ernährung der Tiere (EW15)

**Evolution:** Als eine der entscheidendsten Antriebsfedern für die Höherentwicklung wird im Evolutionssystem der Kampf um die Nahrung angesehen. Im *Darwin*schen Daseinskampf *»the survival of the fittest«* liegt der Selektionsvorteil wesentlich bei dem, der in dem »naturgegebenen« Spiel »Fressen und Gefressenwerden« am besten überleben kann.

**Bibel:** Am Ende des sechsten Schöpfungstages regelt Gott die Nahrungsfrage der Menschen und Tiere:

»Und Gott sprach: Sehet da, ich habe euch gegeben allerlei Kraut, das sich besamt auf der ganzen Erde und allerlei fruchtbare Bäume, die sich besamen, zu eurer Speise und allem Getier auf Erden und allen Vögeln unter dem Himmel und allem Gewürm, das da lebt auf Erden, daß sie allerlei grünes Kraut essen. Und es geschah also« (1. Mo 1,29-30).

Für Menschen und Tiere war somit ursprünglich ausschließlich Pflanzennahrung vorgesehen. Kein Lebewesen mußte befürchten, von anderen gefressen zu werden. Bis zum Sündenfall gab es eine vollständige Harmonie in allen Bereichen der Schöpfung. Der Fall wirkte sich dann mit dem Einzug der Sünde als Katastrophe so unvorstellbaren Ausmaßes aus, daß die *vorige* »sehr gute« Schöpfung sich heute niemand mehr ausmalen kann. Wer kann sich schon die Erde vorstellen ohne Tod, Leid und Krankheit, ohne Ungeziefer, ohne Parasiten, ohne Räuber-Beute-Beziehung und ohne Konkurrenzkampf? Die Veränderung in der Tierwelt betraf nicht nur die Verhaltensweisen und die Bildung völlig andersartiger Ökosysteme, auch die Physiologie muß sich einschneidend gewandelt haben. So gab es ursprünglich keine unreinen Tiere, keinen giftigen Schlangenbiß, keine Reißwerkzeuge der Raubtiere und nicht das zerstörerische und todbringende Wesen zahlreicher Viren und Bakterien. Ganze Tierfamilien wurden zu ausschließlichen Fleischfressern. Dem Menschen gab Gott erst nach der Sintflut die Erlaubnis zum Essen des Fleisches von Tieren (1. Mo 9,3). Auch das NT beschreibt diesen gravierenden Einschnitt in die Schöpfung: »Es ist ja die Kreatur unterworfen der Vergänglichkeit – ohne ihren Willen... denn wir wissen, daß alle Kreatur sehnet sich mit uns und ängstigt sich noch immerdar« (Röm 8,20+22). Es kommt aber die Zeit, da wird Gott »einen Bund mit den Tieren machen« (Hos 2,18) und sie wieder sicher wohnen lassen. Erst wenn die Folgen des Sündenfalles von der Erde genommen sind, wird der ursprüngliche Zustand sichtbar: »Die Wölfe werden bei den Lämmern wohnen und die Parder bei den Böcken liegen ... Löwen werden Stroh essen wie die Ochsen. Und ein Säugling wird seine Lust haben am Loch der

Otter« (Jes 11, 6-8). Alle Tiere werden – wie am Anfang – wieder zu Pflanzenfressern.

Die Verdauung von Pflanzennahrung ist ein erheblich komplizierterer Prozeß als der Abbau der Fleischproteine. Während nach der Evolutionslehre das Komplexere aus dem Einfacheren hervorgegangen sein soll, bezeugt die Bibel auch hier das Umgekehrte.

## 5.4 Unterschiede zwischen menschlichem und tierischem Leben (EW16)

**Evolution:** Nach der Evolutionslehre ging der Mensch direkt aus dem Tierreich hervor. Er ist das Ergebnis desselben Prozesses mit denselben Evolutionsfaktoren, wonach sich auch die Tiere entwickelt haben. Aus diesem Grunde sind die Unterschiede zwischen Mensch und Tier auch nicht von prinzipieller, sondern nur gradueller Art. Nur die höhere Entwicklungsstufe kennzeichnet den Menschen. *Carsten Bresch* charakterisiert diese Auffassung in seiner Evolutionsdefinition [B6, 10]: »Die Gesamtentwicklung in allen Bereichen unserer Welt – einschließlich der Entstehung des Menschen aus affenähnlichen Vorstufen – wird als Evolution bezeichnet.« Durch die sog. *Homologiebeweise** der Evolutionslehre wird der Gesichtspunkt der Abstammung von gemeinsamen Vorfahren besonders hervorgehoben.

* **Homologien**: Als Homologien bezeichnet man Bauplanähnlichkeiten von Organen verschiedener Lebewesen. Organe, die sich in ihrer Lage und in ihren Lagebeziehungen bei verschiedenen Organismen entsprechen, werden in der Evolutionslehre auf eine gemeinsame Abstimmung hin gedeutet. Das gilt auch dann noch, wenn Funktion und Gestalt sich stark unterscheiden, wie z. B. der Flügel eines Vogels und der Arm des Menschen. Homologien weisen aus der Sicht der Schöpfung auf den gemeinsamen Schöpfer hin. Auch menschliche Konstrukteure wenden bewährte Maschinenelemente (z. B. Kugellager, Zahnräder, Wellen, Keilriemen) in den unterschiedlichsten Maschinen an.

**Wissenschaftliche Einwände**: Zwischen Mensch und Tier gibt es schon auf der rein biologischen Ebene eine tiefe, unüberbrückbare Kluft, die hier nur durch die vier folgenden Merkmale gekennzeichnet sei:

**1.** *Das Gehirn des Menschen* verfügt über Qualitäten [G2, 115-130], die im Tierreich keine Parallelen finden. Damit verbunden ist insbesondere das ausgeprägte Denkvermögen.

**2.** *Der Mensch ist ein Sprachwesen* (vgl. EW2), dessen Kommunikationssystem sich gegenüber dem der Tiere durch den kreativen Umgang mit seinem Lautsystem auszeichnet [G7, 115-130]. Er hat damit die einzigartige Fähigkeit der beliebigen Zuwendung des Interesses zu allem und jedem; er hat eine unvorstellbare Weite in der Wahrnehmung, indem er sich sogar mit räumlich und zeitlich Abwesendem befassen kann; er verfügt über Abstraktionsmöglichkeiten und ist zum metasprachlichen Gebrauch seines Zeichensystems fähig.

**3.** Durch ein dazu besonders konstruiertes Organ – *die Wirbelsäule* – ist nur der Mensch zum aufrechten Gang befähigt. Dadurch werden die Hände nicht zur Fortbewegung benötigt und stehen für andere Tätigkeiten zu Verfügung.

**4.** Nur der Mensch hat *die Fähigkeit zu ausgeprägten Gefühlsregungen* (z. B. Freude, Trauer, Hoffnung, Lachen, Scham). Die auch bei Tieren anzutreffenden Empfindungen halten keinem Vergleich mit denen des Menschen stand.

**Bibel**: Nach der Bibel werden Mensch und Tier als deutlich voneinander zu unterscheidende Wesen markiert:

**1.** Der Mensch wurde am sechsten Tag in einem von den Landtieren deutlich unterschiedenen separaten Schöpfungsakt *»zum Bilde Gottes«* hin erschaffen. Die dreimalige Verwendung des hebräischen Schöpfungsverbs *»bara«* in

1. Mose 1,27 hebt dieses unmittelbare Schöpfungshandeln besonders hervor.

**2.** Nur der Mensch erhielt den Odem Gottes eingeblasen. Durch die damit verbundene göttliche Gabe des Geistes (Pred 12,7; 1. Thess 5,23) ist er überragend von der Tierwelt abgehoben.

**3.** Nur bei der Erschaffung des Menschen hat Gott direkt »Hand angelegt«: »Und Gott der Herr machte (hebr. *jazar*; engl. *formed* = gebildet, geformt) den Menschen aus einem Erdenkloß, und er blies ihm den lebendigen Odem in seine Nase« (1. Mo 2,7). Das hebräische Wort *»jazar«* beschreibt im AT die Tätigkeit des Töpfers, der durch Geschick und Ideenvielfalt seine Werke formt. Ebenso hat Gott den materiellen Anteil des Menschen (Leib) aus Erde bereitet.

**4.** Nur der Mensch kann mit Gott in echte Kommunikation treten. Nur er verfügt über die Gabe der Sprache und des Gebets, um damit alle seine Gedanken dem Schöpfer gegenüber äußern zu können. Der Mensch ist schöpfungsmäßig auf eine besondere Nähe und Unmittelbarkeit zu Gott hin ausgerüstet. Er ist auf Gemeinschaft mit Gott angelegt.

**5.** Nur der Mensch verfügt über die Fähigkeit des kreativen Denkens und ist mit einem freien Willen ausgestattet. Nach Psalm 8,5 war der Mensch »nur wenig niedriger denn Gott« gemacht. So hat er die Gabe der freien Persönlichkeitsentfaltung, neuartige Erfindungen zu ersinnen und die Möglichkeit der kulturellen Entwicklung (Schreibkunst, Musik, Geschichtsbewußtsein).

**6.** Sogar die Unterschiedlichkeit des Fleisches bleibt in der Bibel nicht unerwähnt: »Nicht ist alles Fleisch einerlei Fleisch; sondern ein anderes Fleisch ist der Menschen, ein anderes des Viehs, ein anderes der Vögel, ein anderes der

Fische« (1. Kor 15,39). Dieser Befund hat seine molekularbiologischen Konsequenzen: Proteine machen den Hauptanteil des Körpers aus. Beim Menschen gibt es etwa 50 000 verschiedene Arten davon, die eine jeweils andere spezifische Funktion zu erfüllen haben. Sie unterscheiden sich durch ihre Aminosäuresequenzen. An einigen Positionen der Polypeptidkette befinden sich bei allen Organismen dieselben Aminosäuren, da sie zur Aufrechterhaltung der charakteristischen Funktion des jeweiligen Proteins dienen. Im Gegensatz zu dieser genauen Festlegung gibt es andere Positionen, an denen die Aminosäure von Art zu Art deutlich variiert.

**7.** Nur von uns Menschen wird gesagt, daß wir nicht nur *»durch ihn«*, sondern auch *»zu ihm geschaffen«* (Kol 1,16 b) sind. Diese hohe Zielsetzung ist nur dem Menschen zugedacht. Tiere sind zwar auch Gottes Geschöpfe, aber sie haben nicht die Berufung der Kindschaft Gottes (Joh 1,12).

**8.** Im Gegensatz zum Tier ist der Mensch ein Ewigkeitsgeschöpf, d. h. auch nach dem leiblichen Tode hört seine Existenz niemals auf (Luk 16, 19-31). Aus dem verweslichen Leib wird ein unverweslicher auferstehen (1. Kor 15, 42).

# 6. Beiträge zur Informatik

Über das Wesen des Lebens haben die Menschen seit jeher nachgedacht. Kausal verknüpft damit ist die Frage nach dem *»Woher? Wozu? Wohin?«* des Menschen. Gelangen wir bei der *»Woher-Frage«* zu einer falschen Antwort, so werden wir auch bei Weg und Ziel des Lebens unsere vorgesehene Bestimmung verpassen. Leben begegnet uns in äußerst vielfältiger und komplexer Form, so daß selbst ein schlichter Einzeller bei aller Einfachheit dennoch so komplex und zielgerichtet gestaltet ist wie kein Erzeugnis menschlichen Erfindungsgeistes. *B.-O. Küppers* sieht das Problem der Lebensentstehung gleichbedeutend mit dem Problem der Entstehung biologischer Information [K4, 250]. Mit folgender Einschränkung kann der Verfasser seiner Aussage zustimmen: Die Lösung des Problems der Entstehung biologischer Information ist eine unbedingt notwendige – wenn auch noch nicht hinreichende – Voraussetzung zur Klärung des Problems der Lebensentstehung. Aus diesem Grunde widmen wir dieser zentralen Thematik ein eigenes Kapitel.

## 6.1 Was ist Information? Die Sicht der Informatik (EW17)

Zu den grundlegenden Prinzipien des Lebens gehören Informationsübertragungsvorgänge. Wenn Insekten Pollen von Pflanzenblüten überbringen , so ist dies in erster Linie ein Vorgang der Informationsübertragung (von genetischer Information); die beteiligte Materie ist dabei unerheblich. Es gilt allgemein: Jede zu sendende Information benötigt zwei Voraussetzungen, nämlich

- einen materiellen Träger, um sie zu speichern und Prozesse zu steuern und

- ein eindeutig definiertes Codesystem, um Gedanken durch abbildbare Symbole zu ersetzen.

Somit können wir festhalten:

**Satz 1:** Zur Informationsspeicherung sind materielle Träger erforderlich.

**Satz 2:** Jeder Code beruht auf einer freien, willentlichen Vereinbarung.

Die Notwendigkeit eines materiellen Speichers hat manchen dazu verleitet, Information nur als eine physikalische Größe aufzufassen. *Satz 2* macht deutlich, daß es sich schon beim Code – erst recht aber bei der dargestellten Information – um ein geistiges Konzept handelt. Allen Herstellungs-, Betriebs- und Kommunikationssystemen bei den Lebewesen liegt ein jeweils äußerst zweckmäßiges Codesystem zugrunde. In der Evolutionslehre bleibt die Herkunft des Codes ein prinzipiell unlösbares Problem, weil nur rein materielle Ursachen einbezogen werden dürfen, obwohl der Code eine geistige Idee repräsentiert. Von Evolutionsanhängern wird diese Schwierigkeit eingestanden, wenngleich die Ursachen dieses Dilemmas unerwähnt bleiben. So schreibt *J. Monod* [M3, 127]: »Das größte Problem ist jedoch die Herkunft des genetischen Code und des Mechanismus seiner Übersetzung.« Von den grundlegenden Sätzen zum Informationsbegriff, die der Verfasser anderweitig bearbeitet hat [G3, G7, G9], wollen wir hier nur einige nennen:

**Satz 3:** Zu jeder Information gehören wesensmäßig die hierarchischen Ebenen [G3, G7, G9] Syntax (Code, Grammatik), Semantik (Bedeutung), Pragmatik (Handlung) und Apobetik (Ergebnis, Ziel). Diese Kategorien sind ihrer Struktur nach *nicht-materiell.*

**Satz 4:** Jede Information impliziert einen Sender, und jede Information ist für einen (oder mehrere) Empfänger gedacht.

**Satz 5:** Information ist wesensmäßig keine materielle, sondern eine geistige Größe. Materielle Prozesse scheiden darum als Informationsquelle aus.

Information ist dem Wesen nach auch kein Wahrscheinlichkeitsbegriff, wiewohl man Zeichen nach statistischen Gesichtspunkten betrachten kann (wie bei der *Shannonschen* Theorie), sondern sie ist stets etwas willensmäßig Gesetztes. So können wir drei weitere Sätze formulieren:

**Satz 6:** Information ist keine Zufallsgröße.

**Satz 7:** Jede Information bedarf einer geistigen Quelle (Sender).

**Satz 8:** Information entsteht nur durch Wille (Absicht, Intuition, Disposition). Anders formuliert: Am Anfang jeder Information steht ihre (geistige!) Disposition.

Aus den *Sätzen 6* bis *8* folgt ein grundlegender Satz, der eine Evolution mit Hilfe der so häufig genannten Faktoren Mutation und Selektion ausschließt:

**Satz 9:** Mutation und Selektion scheiden als Quellen neuer Information aus.

Nach den *Sätzen 3, 7* und *8* repräsentiert Information etwas Gedankliches (Semantik). Dieses Faktum führt alle Evolutionskonzepte in die Enge, wie es *B.-O. Küppers* eingesteht:

»Eine Theorie der Entstehung des Lebens muß daher zwangsläufig eine Theorie der Entstehung semantischer

Information umfassen. Und genau hier liegt die grundlegende Schwierigkeit, mit der jede naturwissenschaftliche Theorie der Lebensentstehung konfrontiert wird. Die empirischen Grundlagenwissenschaften in ihrer traditionellen Form schließen Phänomene der Semantik aus ihrem intendierten Anwendungsbereich aus... Die zentrale Frage im Hinblick auf das Problem der Lebensentstehung ist also die, inwieweit sich der Begriff der semantischen Information überhaupt objektivieren läßt und zum Gegenstand einer mechanistisch orientierten Naturwissenschaft, wie sie die Molekularbiologie darstellt, machen läßt.«

Wenn in der Evolutionslehre nur materielle Ursachen in Betracht gezogen werden dürfen – auch als Quelle für Information –, so hat man sich einer weltanschaulichen Voreinstellung verpflichtet, die an den Erfahrungssätzen der Informatik scheitert. Der Kybernetiker *D. M. McKay* hat eine solche Denkvoreinstellung wie folgt anschaulich charakterisiert: »Es ist unmöglich, nach einer Orientierungsmarke zu segeln, die wir an den Bug unseres eigenen Schiffes genagelt haben.«

Es ist hilfreich, Information nach drei Arten des Zweckes zu unterscheiden:

**Satz 10:** Am Anfang eines jeden herzustellenden Werkes steht der Wille und die Idee dazu. Daran schließt sich unter Einsatz von Intelligenz (Ideenreichtum) die konzeptionelle Lösung in Form von *Herstellungsinformation.*

**Satz 11:** *Betriebsinformation* ist die notwendige Voraussetzung für den funktionell festgelegten Ablauf eines Systems.

**Satz 12:** *Kommunikationsinformation* dient der Verständigung zwischen Sender und Empfänger.

Fassen wir einige wichtige Merksätze zusammen, die den wissenschaftstheoretischen Kriterien W7 und W11 genügen:

1. Es gibt keine Information ohne Code.
2. Es gibt keine Information ohne Sender.
3. Es gibt keine Information ohne geistige Quelle.
4. Es gibt keine Information ohne Wille.
5. Es gibt keine Information ohne hierarchische Ebenen (Statistik, Syntax, Semantik, Pragmatik, Apobetik).
6. Es gibt keine Information durch Zufall.

## 6.2 Was ist Information? Die Sicht der Bibel (EW18)

In der Bibel finden wir jene Aspekte für Information, die uns von der Informatik her inzwischen geläufig sind:

**1.** *Code beruht auf Vereinbarung (syntaktischer Aspekt):* Jeder Code beruht auf freier und willentlicher Vereinbarung, wobei verschiedene Zeichensätze einander zugeordnet werden oder auch nur einzelne Zeichen mit Bedeutungen belegt werden. Dies ist grundlegend für alle Codearten (z. B. Hieroglyphen, Morsecode, div. Alphabete, EDV-Codes). Auch die Bibel berichtet von freien Zeichenzuordnungen, die Gott trifft. So ist das Zeichen an Kain ein *Schutzzeichen* (1. Mo 4,15). Den Regenbogen definiert Gott nach der Sintflut als *Bundeszeichen* zwischen ihm und Noah: »...daß nicht mehr hinfort eine Sintflut komme, die alles Fleisch verderbe« (1. Mo 9,15). Das Blut an den Häusern der Israeliten in Ägypten war ein *Bewahrungszeichen* der Erstgeburt vor dem Tod (2. Mo 12, 13). Brot und Wein im Abendmahl sind *Gedächtniszeichen* an den Tod JESU und die dadurch erwirkte Rettung des Gläubigen.

**2.** *Sprache als Bedeutungsträger (semantischer Aspekt):* Übertragung von Information ist identisch mit der Übermittlung von Bedeutungsinhalten. Dazu bedarf es eines dafür geeigneten Sprachsystems. Das gilt in gleicher Weise für jede technische, biologische oder kommunikative Information. In 1. Korinther 14,10+11 kommt dies deutlich zum Ausdruck: »Es ist mancherlei Art der Sprache in der Welt, und ist nichts ohne Sprache. Wenn ich nun nicht weiß der Sprache Bedeutung, werde ich den nicht verstehen, der da redet, und der da redet, wird mich nicht verstehen.«

**3.** *Information verlangt Handlung (pragmatischer Aspekt):* »Darum, wer diese meine Rede hört und *tut* sie, der gleicht einem klugen Mann, der sein Haus auf den Felsen baute« (Mt 7,24).

**4.** *Information setzt ein Ziel (apobetischer Aspekt):* »Wer mein Wort hört *(Semantik)* und glaubet dem, der mich gesandt hat *(Pragmatik)*, der hat das ewige Leben und kommt nicht in das Gericht, sondern er ist vom Tode zum Leben hindurchgedrungen *(Apobetik)*« (Joh 5,24).

## 6.3 Was ist Leben? Die Sicht der Evolutionslehre

Nach evolutionistischer Vorstellung wird das Leben als ausschließlich materiell ablaufender Prozeß gedeutet. So nennt *B.- O. Küppers* vier notwendige Kriterien für die Existenz des Lebens [K3, 53-55]:

- Die Fähigkeit zur Vermehrung
- Die Fähigkeit zur Mutation
- Die Fähigkeit zu Stoffwechsel und Metabolismus (Veränderung)
- Die Fähigkeit zur Evolution im Sinne *Darwins*.

Auch hier wird sofort offenbar, daß die Evolution die Rolle der Voraussetzung spielt (siehe Basissatz E1). So nimmt es nicht wunder, daß für die Entstehung des Lebens ein evolutiver Denkzwang besteht. Das Ergebnis liegt damit schon fest:

> Leben ist ein rein materielles Ereignis, das somit physikalisch-chemisch beschreibbar sein muß und sich von der unbelebten Natur nur durch seine Komplexität unterscheidet.

Mit diesem Ansatz muß darum auch die Herkunft des Lebens betrachtet werden können, wie es z. B. bei *Hans Kuhn* nachzulesen ist [K5, 838-839]: »Im folgenden wird von der Hypothese ausgegangen, daß die Entstehung des Lebens ein physikalisch-chemischer Prozeß ist, der unter geeigneten Bedingungen mit Notwendigkeit eintritt... Man hofft (durch spielerische Variationen), blindlings und automatisch zu selbstorganisierenden und selbstreplizierenden Systemen zu gelangen und zu verstehen, wie sich der bekannte genetische Apparat in der erdgeschichtlich verfügbaren Zeit bilden konnte.« Zu Beginn dieses Jahrhunderts ging die Evolutionseuphorie von *Ernst Haeckel* sogar so weit, daß er den Chemiker *Emil H. Fischer*, der sich mit der Untersuchung von Eiweißstoffen befaßte, glauben machte [W1, 82]: »Kondensieren Sie Ihr Zeug nur, eines Tages wird's schon krabbeln.« In Konsequenz dazu definierte *Friedrich Engels* das Leben als »die besondere Daseinsform von Eiweißkörpern«. Für *M. Eigen* ist das Leben ein Hyperzyklus, und *G.* und *H. v. Wahlert* bringen es auf die kurze Formel [W1, 79]: »Leben ist ein Ordnungszustand der Materie.« Seit *Darwin* gibt es gegenüber der Zeit davor einen tiefen Bruch im Verständnis des Wesens des Lebens [W1,73]: »*Darwin* machte das Geistwesen Mensch zum Produkt einer geistlosen Entwicklung.« Die gedanklichen Probleme gegenüber einem solchen Reduktionismus im Verständnis des Lebens hofft *Kuhn* jedoch zu überwinden [K5, 838]: »Die Schwierigkeit, die Entstehung von Lebewesen als physikalisch-chemische Erscheinung anzuerkennen, die tief verwurzelte Vorstellung, ein System von der Komplexität des genetischen Apparats könne niemals das Produkt des Zufalls sein, hat das philosophische Denken stark beeinflußt. Die vorliegende Arbeit soll ein Versuch sein, dieses psychologische Problem zu überwinden.« Die evolutionistische Definition für Leben läßt sich auf die kurze Formel *L1* bringen:

**Leben** = komplexe Materie = Funktion von (Chemie + Physik) (L1)

Auch der bekannte Evolutionsbiologe *E. Mayr* beklagt, daß insbesondere exakt arbeitende Wissenschaftler nicht bereit sind, einen solchen Materialismus zu übernehmen [M1, 395]: »Kein anderer Vorwurf ist dem Evolutionisten im Laufe der letzten 100 Jahre häufiger gemacht worden, als der, daß die Evolutionslehre materialistisch sei... es mutet jetzt wie ein Teppichwitz der Weltgeschichte an, daß z. Z. die exaktesten Wissenschaftler, nämlich Physiker und Mathematiker, die Unzulänglichkeit der Evolution nachzuweisen versuchen. Als ich ...vor einer kleinen Gruppe in Kopenhagen einen Vortrag hielt, drückte mir *Niels Bohr* in der Aussprache seine starken Zweifel aus. Seit damals sind diese Zweifel sogar das Thema von wissenschaftlichen Konferenzen geworden.« In der Tat: Die Zahl der Zweifler aus wissenschaftlichen Gründen ist stetig steigend. Seit Jahren nimmt eine neue Wissenschaft progressiv an Bedeutung zu: *die Informatik.* Aus dieser Perspektive ergeben sich ganz neue Einsichten in das Wesen des Lebens. Hatte *E. Jantsch* noch geglaubt [J1, 411]: »Naturgeschichte, unter Einschluß der Menschheitsgeschichte, kann als Geschichte der Organisation von Materie und Energie verstanden werden«, so gehen wir im folgenden von der Position aus: »Information ist ein zentraler Faktor alles Lebendigen!«

## 6.4 Was ist Leben? Die Sicht der Informatik (EW19)

*Materie* und *Energie* sind zwar notwendige Grundgrößen des Lebendigen, aber sie heben lebende und unbelebte Systeme noch nicht grundsätzlich voneinander ab. Zum zentralen Kennzeichen aller Lebewesen aber gehört *»Information«*. Damit ist Leben noch keineswegs vollständig beschrieben, aber ein äußerst zentraler Faktor ist damit angesprochen. Selbst im Grenzfall der niedrigsten Stufe – bei den sogenannten Viroiden, die eine noch einfachere Form als Viren darstellen –, wo das Lebewesen nur aus einem Nukleinsäuremolekül besteht, ist *Information* die kennzeichnende Größe. Das komplexeste informationsverarbeitende System ist zweifelsohne der Mensch. Auch unter Verwendung der eingangs genannten Sätze können wir nun aus der Sicht der Informatik folgende gegenüber *L1* erweiterte Formel *L2* für Leben angeben:

**Leben** = *materieller Anteil (physikalische und chemische Aspekte)*
*+ immaterieller Anteil (Information aus geistiger Quelle)* (L2)

Diese Formel enthält gegenüber der Evolutionslehre eine entscheidende Erweiterung und widerlegt damit ihren Basissatz E3, dennoch ist *L2* nicht hinreichend, weil sie nicht alle Phänomene des Lebendigen erklären kann (wie z. B. die Formbildung beim Wachstum gesteuert wird; Bewußtsein, Verantwortung). In [G7, 136-139] hat der Verfasser drei Klassen der Erscheinungsform von Information eingeführt, die auch in Lebewesen auftreten:

**1. Herstellungsinformation:** Notwendig – sicherlich aber nicht hinreichend für die Entstehung eines Lebewesens ist die genetische Information. Sie verschlüsselt bei allen Lebewesen den eigenen Bauplan und sorgt dafür, daß er möglichst effizient von Generation zu Generation weitergereicht wird. Sie ist im Weizenkorn dafür verantwortlich, daß eine neue Pflanze heranwächst, die dann ihrerseits wieder Weizenkörner als Frucht trägt. Ebenso liegt nach der Verschmelzung des männlichen Spermiums mit der weiblichen Eizelle die genetische Kombination für den neuen individuellen Menschen fest. Die Embrionalentwicklung ist dann ein Prozeß, der ohne die mitgegebene Herstellungsinformation nicht ablaufen könnte. Diese spezifische Information ist maßgebend – wenn auch nicht ausreichend – für den Aufbau der jeweiligen Struktur. Trotz Verwendung weniger gleichartiger Materiebausteine (20 Aminosäuren) entscheidet das Programm, ob eine Eiche, eine Rose, ein Schmetterling, eine Schwalbe, ein Pferd oder ein Mensch gebaut wird. Was übertragen und vererbt wird, ist nichts Materielles, denn kein Atom eines Nachkommen braucht aus einem seiner Vorfahren zu stammen. Es ist somit von *nicht-materieller* Natur.

**2. Betriebsinformation:** Je nach Art der Lebewesen gibt es eine unübersehbare Fülle von installierten Informationsverarbeitungssystemen, die den internen »Betrieb« des Lebewesens ermöglichen:

- Alle notwendigen Betriebs- und Strukturstoffe müssen in der Zelle synthetisiert werden. Beim Menschen sind es allein 50 000 verschiedene Proteine, die nach exakter chemischer und verfahrenstechnischer Vorschrift aufzubauen sind. Versagt in dieser komplexen Programmsteuerung auch nur die Erzeugung eines Stoffes, so kann das lebensbedrohend sein (z. B. Insulin).
- Das Nervensystem dient als Übertragungsnetz aller relevanten Informationen zur Steuerung der Zusammenarbeit aller Organsysteme sowie zur Steuerung der Motorik aller Gliedmaßen.
- *Hormone* übertragen als chemische Signale innerhalb des Organismus Steuerbefehle für gewisse Wachstumspro-

zesse und realisieren zahlreiche physiologische Funktionen.

**3. Kommunikationsinformation:** Die Kommunikation – insbesondere mit Artgenossen – spielt eine weitere zentrale Rolle im Dasein der Lebewesen. Dazu sind Sende- und Empfangssysteme installiert, die wohl zu den staunenswertesten Werken der Schöpfung überhaupt gehören. Im Tierreich dienen die Kommunikationssyteme im wesentlichen zur Sexualwerbung (z. B. Balzrufe der Vögel, Sexualduftstoffe bei Insekten), zur Futtermitteilung (Schwänzeltanz bei Bienen), Feindmitteilung (*Pheromone* bei Ameisen), Arbeitsteilung zwischen den Mitgliedern von Tierfamilien oder Tierstaaten (z. B. Ameisen, Bienen) oder Befriedung von Wirtstieren (*Allomone* der Ameisen befrieden die Raupen der Bläulinge). Für die unterschiedlichen Meßsysteme des Signalempfangs sind Konzeptionen realisiert, über deren Ideenvielfalt man ebenso ins Staunen gerät wie über die Grenzwerte gerade noch registrierter Meßwerte. Einige Beispiele sollen diesen Gedanken auch zahlenmäßig veranschaulichen:

- Die Subgenualorgane von Laubheuschrecken reagieren noch auf Schwingungen der Unterlage mit einer Amplitude von nur $5 \cdot 10^{-10}$ cm. Das ist 1/25 des Durchmessers der ersten Elektronenbahn des Wasserstoffatoms.
- Das menschliche Ohr ist bis an die Grenze des physikalisch Möglichen ausgelegt. Die Hörschwelle liegt bei $10^{-12}$ $W/m^2$.
- Die Malaien-Mokassinschlange kann unabhängig von ihrer Eigentemperatur mit Hilfe ihres Grubenorgans eine Temperaturveränderung von 1/1000 °C messen.
- Bei dem Seidenspinner Bombyx mori genügt bereits 1 Molekül des Sexualduftstoffes (Pheromon Bombykol) des Weibchens, um von den Antennen des Männchens noch wahrgenommen zu werden. Bei dieser Leistung ist zu

bedenken, daß 1 $cm^3$ Luft unter Normalbedingungen $26,9 \cdot 10^{18}$ (also 27 Millionen Billionen) Moleküle enthält.

Deutlich abgehoben von allen Kommunikationssystemen der Tiere ist die Sprache des Menschen. Dieses wirkungsvolle Werkzeug der artikulierten Lautsprache dient nicht nur allein der Verständigung; sie bildet die Grundlage des Denkens und aller geistigen Tätigkeit überhaupt. Die deutsche Sprache verfügt über 300 000 bis 500 000 Wörter. Das Sprachsystem gestattet die Verknüpfung der Wörter mit ihren zahlreichen Formen zu Sätzen und Texten in praktisch nicht mehr berechenbare Kombinationsmöglichkeiten. Entsprechend hoch ist die Zahl der damit ausdrückbaren Gedanken. Kein Tierkommunikationssystem verfügt über diese kreative Möglichkeit; es ist nur für eng begrenzte, »eingefrorene« Ausdrucksformen konzipiert.
Die zentrale Steuerung fast aller Informationsabläufe geschieht im Gehirn. Es ist das komplexeste und damit auch das am wenigsten verstandene Organ. Das Gehirn ist lebensnotwendig für den Ablauf der meisten biologischen Funktionen. Ist das Gehirn tot, so stirbt damit auch der Organismus (zelebraler Tod; vgl. EW5).

Nach den genannten Sätzen der Informatik verlangen alle diese Informationssysteme eine geistige Quelle. Die evolutionistischen Versuche einer rein mechanistischen Erklärung des Lebens übersehen diese Fakten und ignorieren diese nachprüfbaren Sätze.

### 6.5 Was ist Leben? Die Sicht der Bibel (EW20)

Wir haben bisher *Information* als ein zentrales Merkmal des Lebens herausgestellt. Die Erkenntnis, daß Information als eine geistige Größe zu sehen ist, bewahrt uns davor, das Leben nur mechanistisch deuten zu wollen. Damit ist das

Wesen des Lebens jedoch noch nicht voll erfaßt, wie sofort einzusehen ist: Im Augenblick des Todes ist noch sämtliche DNS-Information in den Zellen vorhanden; die Systeme zur Betriebs- und Kommunikationsinformation sind allerdings schon ausgefallen. Zwischen lebendem und totem Organismus muß also noch ein anderer gravierender Unterschied bestehen, der nicht im Bereich des Materiellen zu suchen ist. *Gilbert Ryle* hat diesen Aspekt wie folgt beschrieben [zitiert in D1, 111]: »Zwar ist der menschliche Körper eine Maschine, aber keine gewöhnliche Maschine, da einige ihrer Funktionen durch eine weitere Maschine in seinem Innern gesteuert werden –, und diese innere Steuermaschine ist von ganz besonderer Art. Sie ist unsichtbar, unhörbar und hat weder Größe noch Gewicht. Man kann sie nicht zerlegen, und die Gesetze, denen sie gehorcht, sind nicht dieselben wie die, die gewöhnliche Ingenieure kennen.« Damit ist die *Seele des Menschen* angesprochen, die zu seinem nichtmateriellen Anteil gehört (vgl. auch EW8). Sie ist weder physikalisch noch chemisch nachweisbar, sie offenbart sich aber im Wesen des Menschen, insbesondere in seinem freien Willen (ausführlicher in [G2, 190-194]). Nun haben wir schon mehrfach darauf hingewiesen, daß auch der immaterielle Anteil des Menschen seine Herkunft dem Schöpfer verdankt. So können wir nach biblischer Lesart folgende Aussage festhalten:

**Satz:** Es gibt kein Leben ohne göttlichen Willen.

Aus dem biblischen Zeugnis können wir folgende Formel *L3* ableiten, die über *L2* deutlich hinausgeht:

**Leben** = *materieller Anteil (strukturelle Erscheinung)*
*+ immaterieller Anteil 1 (= von Gott codierte Herstellungs-, Betriebs- und Kommunikationsinformation)*
*+ immaterieller Anteil 2 (= Seele, Geist)* (L3)

Diese Formel weist über die naturwissenschaftlich erforschbaren Möglichkeiten hinaus. Damit haben sich die Basissätze E3 und E4 der Evolutionslehre als falsche Ausgangspositionen erwiesen.

### 6.6 Die Herkunft der biologischen Information und des Lebens

*Paul Davies* ist der Ansicht [D1, 88]: »Damit Leben entsteht, brauchen Atome nicht belebt zu werden, man muß sie lediglich in der richtigen komplexen Weise anordnen.« Diese mechanistische Reduktion ist schon aufgrund der in den Lebewesen »installierten« Information unangemessen. Auch *H. Kuhn* spürt diesen Mangel an seinem Evolutionsmodell, wenn er fragt [K5, 838]: »Es ist unklar, wie sich die ersten biologischen Systeme bilden konnten... Sie mußten bereits einen Mechanismus haben, der wie der genetische Apparat der heutigen Organismen mit raffinierter Strategie arbeitet. Wie konnten solche Systeme entstehen? Reichen die Gesetze der physikalischen Chemie aus, um diesen Vorgang zu verstehen, oder muß man noch unbekannte Prinzipien postulieren?« Solange man eine geistige Informationsquelle ausschließt, beabsichtigt man das »Perpetuum mobile der Information« zu erfinden. Einen solchen Versuch unternimmt auch *B.-O. Küppers* in seinem Buch mit dem vielversprechenden Titel *»Der Ursprung biologischer Information* [K4]. Statt einer konsequenten naturwissenschaftlichen Betrachtung, die ihn auf die geistige Urheberschaft aller Information geführt hätte, betreibt er eine Naturphilosophie, bei der er sich einem *»molekulardarwinistischen Ansatz«* verpflichtet weiß. Insbesondere sind folgende Einwände gegen seine Vorgehensweise zu erheben:

**1.** Von *Küppers* wird anerkannt, daß vom Menschen erstellte Artefakte (lat. *arte factum* = durch Kunst Gemachtes) im

Hinblick auf eine im voraus geplante Nutzung und Leistung hergestellt werden. Die Gestalt des künstlichen Objektes wird vom Endzweck her bestimmt. Sein Ansatz »Für die natürlichen Objekte setzen wir hingegen keinerlei Endzweck voraus« (S. 34) wird durch die Realität hochgradig zweckorientierter Organe (z. B. Gehirn, Gliedmaßen, innere Organe) und Mechanismen (z. B. zielorientierte programmgesteuerte Proteinsynthese, Sensorsysteme, Informationsübertragungssysteme) in den Lebewesen widerlegt.

**2.** *Küppers* ignoriert zwei grundlegende durch Erfahrung erwiesene Sätze (vgl. *Sätze 3* und *4*):
- »Jede Information hat einen apobetischen Aspekt (griech. *apobeinon* = Ergebnis, Erfolg, Ausgang, Ziel, Teleologie)«.
- »Jede vorhandene Information impliziert eine geistige Quelle als Sender«.

**3.** Einerseits erkennt er: »Jeder komplizierte Arbeitsprozeß erfordert einen Plan... Wir wissen heute, daß den Stoffwechselprozessen ein bis in alle Einzelheiten *festgelegter* Plan zugrundeliegt« (S. 36), andererseits aber ignoriert er gerade *den*, der diesen informationsgesteuerten Plan gegeben hat. An anderer Stelle trifft er auf einen Kernpunkt des Wesens von Information, ohne ihn folgerichtig weiterzudenken: »Von Information kann nur im Zusammenhang mit einem Sender und einem Empfänger gesprochen werden. Für die Darstellung und Übertragung von Information sind Zeichen erforderlich..., ihr Erkennen setzt eine semantische Übereinkunft zwischen Sender und Empfänger voraus« (S. 62). Die Schlußfolgerung, daß Information eine geistige Größe ist und darum nur eine intelligente Quelle infrage kommt, wird hier zum Greifen nahe. Seine philosophische Voreinstellung verschließt ihm allerdings diese naheliegende Erkenntnis.

**4.** *Küppers* faßt in seinem molekulardarwinistischen Ansatz den Informationsbegriff fälschlicherweise als eine materielle

Größe auf. Damit steht er im Widerspruch zu den genannten Erfahrungssätzen *2, 3, 5, 7, 8* und *10*. Schon der bekannte Kybernetiker *Norbert Wiener* hatte darauf hingewiesen, daß Information nicht von physikalischer Natur sein kann: »Information ist Information, weder Materie noch Energie. Kein Materialismus, der dieses nicht berücksichtigt, kann den heutigen Tag überleben.«

**5.** Zu dem *Küppers*schen Modell gibt es keine experimentellen Befunde, wonach sich im molekularen Bereich Information von selbst bildet. Der Ansatz hat somit keine naturwissenschaftliche Tragfähigkeit, sondern bleibt trotz solchen Anscheins ein rein philosophisches Gedankengebäude ohne Realitätsbezug.

**6.** Die auf den Seiten 126-136 von *Küppers* beschriebene Computersimulation sollte zeigen, wie aus einer Anfangsfolge von Buchstaben ein Zielwort durch einen Selektionsmechanismus evolviert. Die im Evolutionssystem so verpönte Zielgröße wird hier allerdings in Form des Zielwortes fest vorgegeben. Damit hat sich der molekulardarwinistische Ansatz selbst *ad absurdum* geführt. Es ist damit erneut gezeigt: Information kann nicht von selbst entstehen. So wird der Nachweis, der zu erbringen war, leider nur vorgetäuscht.

Diese Ausführungen sollten noch einmal verdeutlichen: Bisher sind alle vorgetragenen Konzepte einer autonomen Informationsentstehung in der Materie an der Erfahrung gescheitert. So wenden wir uns nun einem in der Evolutionslehre unbekannten bzw. von ihr abgelehnten Prinzip, nämlich dem Zeugnis der Bibel zu:

Die aus der Sicht der Informatik zu fordernde geistige Informationsquelle für jegliche Information – und damit auch für die biologische Information – wird in der Bibel bereits auf der ersten Seite erwähnt: »Am Anfang schuf *Gott*« (1. Mo 1,1).

In weiterführender Offenbarung beharrt das NT immer wieder darauf, daß CHRISTUS der Schöpfer ist (Joh 1,1-4+10; Kol 1,15-17; Hebr 1,1-2). Jede Theorie der Ursprünge, ob evolutionistisch oder gar kreationistisch, die an CHRISTUS vorbeiführt, muß darum unvermeidlich zu falschen Schlußfolgerungen führen. Die atheistische Evolution führt definitionsgemäß von CHRISTUS weg, und die theistische Evolution, die Gott oder einer Gottheit Platz einräumt, ist ebenso ungeeignet zur Erklärung der Herkunft des Lebens, weil die wesentliche Schöpferrolle CHRISTI von der Betrachtung ausgeschlossen ist. Das NT nennt in Kolosser 2,3 JESUS CHRISTUS als die Quelle aller Schätze der Weisheit und damit auch als die Quelle der biologischen Information. Ebenso stellt der Prolog des Johannes-Evangeliums in einzigartiger Weise die Identität der Informationsquelle mit JESUS, dem fleischgewordenen Wort Gottes heraus: »Im Anfang war das Wort, und das Wort war bei Gott, und Gott war das Wort. Alle Dinge sind durch dasselbe gemacht, und ohne dasselbe ist nichts gemacht, was gemacht ist... Er war in der Welt, und die Welt ist durch ihn gemacht« (Joh 1,1+3+10). Die zuvor genannten *Sätze* – insbesondere *5, 7* und *8* – finden somit auch ihre biblische Bestätigung, denn die in den biologischen Systemen enthaltene Information verlangt einen genialen Ideengeber. Neue Information kann nur durch einen kreativen Denkprozeß entstehen. Weisheit, Rat und große Gedanken entsprechen einander und sind Synonyme für die heute gängigen Begriffe Intelligenz und Information. In vielfältigen Ausdrucksweisen bezeugt die Bibel diesen Sachverhalt:

Sprüche 3,19: »Denn der Herr hat die Erde durch *Weisheit* gegründet und durch seinen *Rat* die Himmel bereitet.«

Psalm 40,6: »Herr, mein Gott, wie groß sind deine Wunder und *Gedanken*.«

Psalm 104,24: »Herr, wie sind *deine Werke* so groß und viel! Du hast sie alle *weislich* geordnet, und die Erde ist voll deiner Güter.«

Alle diese Aussagen haben deutlich werden lassen, CHRISTUS ist nicht nur der Urheber aller biologischen Information, er ist auch der Schöpfer allen Lebens. Wenn diese Antwort wahr ist, sind damit alle evolutionistischen Denkansätze zur Herkunft des Lebens falsch.

## 7. Fortwährender Evolutionsprozeß oder vollendete Schöpfung?

**Evolution:** Hiernach beruhen der gesamte Kosmos, unsere Erde und alles Leben auf einer äußerst langsamen Höherentwicklung vom Einfachen zum Komplexen hin, von wenig zu höher Strukturiertem, von Unbelebtem zu Belebtem, von niederen zu höheren Lebensstufen. Dabei organisierten sich die Lebewesen in einer stammesgeschichtlichen Entwicklung bis zum Menschen hinauf. Dieser Prozeß ist nach evolutionistischer Auffassung keineswegs abgeschlossen, denn alle früher lebenden Individuen waren nur Durchgangsstationen für das derzeit vorhandene Leben, und die heutigen Individuen sind entsprechend als Durchgangsstationen für das Kommende aufzufassen (siehe Basissatz E10 der Evolutionslehre). In diesem Sinne glaubt *Wuketits* [W7, 275]: »Die Evolution als solche brauchen wir nicht als abgeschlossen zu bezeichnen. Es scheint legitim, von der künftigen Evolution die Ausbildung neuer Arten und neuer Differenzierungsgrade zu erwarten.« Die folgenden Zitate belegen diese angenommene fortwährende evolutive Entwicklung auf verschiedenen Gebieten:

**1.** *Fortwährende kosmische Evolution:* »Nicht nur das Leben, sondern auch der gesamte Kosmos hat eine Entwicklung durchgemacht. Beginnend mit einem singulären Zustand, dem Urknall mit immenser Dichte und Temperatur, hat sich in etwa 15 Milliarden Jahren der heutige Zustand des Universums gebildet« (*R. Siewing* [S3, XIX]). Aus evolutionistischer Sicht ist dieser Vorgang keineswegs abgeschlossen. So beschreibt *R. Breuer* ein sehr fernes Evolutionsstadium [B7, 51]: »Die Sonne könnte jedoch auch gemeinsam mit der Erde aus der Milchstraße geschleudert werden. Dann hätte die Erde in der dunklen Abgeschiedenheit des intergalaktischen

Raumes alle Zeit, im Zeitlupentempo in den Schwarzen Zwerg zu stürzen, der einmal eine Sonne war. Zu diesem Zeitpunkt, nach $10^{20}$ Jahren, wäre die klassische Evolution des Kosmos abgeschlossen.« *S. Weinberg* sprach mit Recht von der »dunklen Wolke der großen Ungewißheit«, die über einem solchen kosmologischen Modell schwebt.

**2.** *Fortwährende biologische Evolution:* »Nicht länger lassen sich Mensch und Tier als ... in sich vollendete Geschöpfe eines paradiesischen Sechstagewerkes verstehen, sondern die Arten entstanden in langen Epochen der Erdgeschichte nacheinander, sich vervollkommnend und wandelnd, aussterbend oder neu abzweigend aus einem Strom aufwärts gerichteter, auf immer höhere organische Vollkommenheit zielender lebender Materie, schließlich sich zur heutigen Formenvielfalt entwickelnd« (*J. Illies* [I2, 33]).

**3.** *Fortwährende Evolution des Menschen:* »Wir sind das Höchste, was die großen Konstrukteure des Artenwandels auf Erden bisher erreicht haben, wir sind ihr ›letzter Schrei‹, aber ganz sicher nicht ihr letztes Wort ... Wenn ich den Menschen für das endgültige Ebenbild Gottes halten müßte, würde ich an Gott irrewerden. Wenn ich mir aber vor Augen halte, daß unsere Ahnen in einer erdgeschichtlich betrachtet erst jüngstvergangenen Zeit ganz ordinäre Affen aus nächster Verwandtschaft des Schimpansen waren, vermag ich einen Hoffnungsschimmer zu sehen. Es ist kein allzu großer Optimismus nötig, um anzunehmen, daß aus uns Menschen noch etwas Besseres und Höheres entstehen kann ... Das langgesuchte Zwischenglied zwischen dem Tiere und dem wahrhaft humanen Menschen – sind wir!« (*K. Lorenz* [L2, 215-216]).

**Bibel:** Der gesamte Kosmos mit den unzählbaren Gestirnen, alle Grundtypen der Lebewesen sowie der Mensch sind durch direkte Schöpfungsakte Gottes innerhalb der im 1. Buch

Mose beschriebenen Schöpfungswoche geschaffen. Die Schöpfung war damit eine in sich fertige und vollendete. Alle biologischen Änderungen, die seitdem aufgetreten sein mögen, haben nur zu Veränderungen (z. B. Rassenbildung) innerhalb der ursprünglichen Arten geführt.
1. Mose 2,2: »Und also vollendete Gott am siebenten Tage seine Werke, die er machte, und ruhte am siebenten Tage von allen seinen Werken, die er machte.«
Hebräer 4,3: »Nun waren ja die Werke von Anbeginn der Welt fertig.«

# 8. Die Auswirkungen der Theistischen Evolutionslehre

## 8.1 Gefahr Nr. 1: Die Preisgabe zentraler Aussagen der Bibel

1. *Die Bibel als verbindliche Informationsquelle:* Die Bibel ist voller Zeugnisse, daß wir es bei dem Schriftwort mit einer von Gott autorisierten Quelle der Wahrheit zu tun haben. Die Propheten des AT nahmen diese Stellung ebenso ein (z. B. Jes 1,10; Jer 7,1; Hos 4,6) wie die Apostel des NT (z. B. 2. Tim 3,16; 2. Petr 1,21). *H. W. Beck* folgert aus dem Zeugnis der archäologischen Forschung [B1, 39]: »Die Hypothese einer langen mündlichen Tradition und eines langen evolutiven literarischen Entstehungsprozesses hat keine Wahrscheinlichkeit für sich.« Die Apostel waren nicht nur ausgezeichnete Kenner der Schrift, sondern durch den Heiligen Geist befähigt, ist ihnen auch der tiefere Sinn erschlossen. Paulus als das auserwählte Werkzeug Gottes, der seine Information durch eine Offenbarung JESU CHRISTI erhielt (Gal 1,12), hatte das eindeutige Bekenntnis: »Ich glaube *allem*, was geschrieben steht« (Apg 24,14). Petrus bezeugt, daß er nicht klugen Fabeln gefolgt ist, sondern als Augenzeuge berichtet (2. Petr 1,16). Den besonderen Schlüssel zum Verständnis der Schrift finden wir bei dem Sohn Gottes selbst. JESUS bezeugt die Unverbrüchlichkeit seines Wortes für alle Zeiten (Mt 24, 35). Er gibt die Garantie: »Es wird *alles* vollendet werden, *was geschrieben ist*« (Lk 18,31). Er autorisierte alle bedeutungstragenden Elemente des biblischen Textes (z. B. Lk 16,17) und bestätigte alle biblischen Erzählungen (z. B. die Erschaffung des ersten Menschenpaares: Mt 19, 4-5; die weltweite Sintflut mit dem Untergang *aller* Landlebewesen: Mt 24, 38-39; die Jonageschichte: Mt 12,40-41) als reale geschichtliche Ereignisse in Raum und Zeit. In [G6] hat der Verfasser die Bibelfrage ausführlich bearbeitet.

**2.** *Das Verhältnis von AT zu NT:* Das NT zitiert in großer Fülle Aussagen des AT, dennoch ist das NT nicht nur ein Kommentar zum AT. Das NT ist die *Erfüllung* des AT: »Diese (Menschen des AT) haben durch den Glauben das Zeugnis Gottes empfangen und doch nicht erlangt, was verheißen war, weil Gott etwas Besseres für uns zuvor ersehen hat« (Hebr 11,39). In CHRISTUS hat sich alles erfüllt. Insofern ist das AT der unverzichtbare Zubringer – wie bei einer Autobahn – zum NT. Vom AT sagt JESUS: »Ihr suchet in der Schrift; denn ihr meinet, ihr habt das ewige Leben darin; und sie ist es, die von mir zeuget« (Joh 5,39). Das NT ist dennoch ein Novum, weil vieles erst hier offenbart wird. Vom NT aus gewinnen wir erst den rechten Zugang zum AT, weil sich dessen Schriften auf CHRISTUS beziehen. Dieses Prinzip hat JESUS den Jüngern auf dem Weg nach Emmaus erschlossen. Das AT wird – bis auf die in CHRISTUS erfüllten Gesetzesvorschriften (Hebr 9,10) und Opferpraktiken (Hebr 10, 1b+4) – in allen Aussagen voll aufrechterhalten.

**3.** *Die Lesart des Schöpfungsberichtes:* Die häufig genannte Argumentation, »wir können Gott bezüglich der Schöpfung nicht in die Karten schauen«, klingt demütig und auf den ersten Blick sogar einsichtig. Sie ist aber falsch, weil sie dem Willen Gottes widerspricht, sein Wort in allen Aspekten ernst zu nehmen (Jer 22,29; Joh 8,47; 2. Tim 1,13). So wollen wir dankbar sein für alle Information, die uns im Schöpfungsbericht selbst und an zahlreichen anderen Stellen gegeben ist. Die Schöpfungsgeschichte der Bibel ist aus folgenden Gründen weder als Mythos noch als Gleichnis oder Allegorie, sondern als *Bericht* zulesen:

- Es werden biologische, astronomische und anthropologische Sachaussagen in lehrhafter Form dargelegt
- Für die physikalisch genannten Zeiteinheiten »Tag« und »Jahr« werden – wie auch in der modernen Meßtechnik üblich – die zugehörigen Meßmethoden genannt (1. Mo 1,14)

- In den Zehn Geboten begründet Gott die sechs Arbeitstage und den Ruhetag mit seinem im Schöpfungsbericht beschriebenen Handeln in gleicher Zeitdauer (2. Mo 20,8-11).
- JESUS bezieht sich im NT wiederholt auf Fakten der Schöpfung (z. B. Mt 19, 4-5).
- Nirgends gibt die Bibel bei Bezügen zur Schöpfung einen Hinweis darauf, daß der Schöpfungsbericht anders zu lesen ist denn als Bericht.

An diesen Grundpositionen des von JESUS, den Propheten und Aposteln vertretenen Schriftverständnisses rüttelt die theistische Evolutionslehre mit aller Vehemenz. Die biblisch bezeugten Geschehnisse werden zu mythischen Sprachbildern verzerrt, und der wort- und sinngetreue Umgang mit der Botschaft der Bibel wird geradezu als Greuel und Aberglaube empfunden. In diesem Sinne schreibt *H. v. Ditfurth* [D3, 295-296]:

> »Die wörtliche Bedeutung der mythischen Sprachbilder, mit denen die Theologen ihre Botschaft weitergeben, hatte mit dem Inhalt der Botschaft von allem Anfang an am allerwenigsten zu tun. Sie galt nicht einmal in jener Zeit vor 2000 Jahren, in der diese Bilder als Ausdruck lebendigen Glaubens entstanden... Das liegt heute zwei Jahrtausende zurück. Für uns gilt das nicht mehr. Mit dem damaligen kulturellen Umfeld, dem zur Zeit von Christi Geburt erlebten Weltbild und dem Selbstverständnis der jüdisch-römischen Gesellschaft sind auch die semantischen ›Obertöne‹ der damals geprägten mythologischen Formeln seit langem verschollen... Das, was wir heute vor uns haben, ist nur noch das Skelett, das nackte Gerüst der Wörter und Sätze. Sie erfüllen uns dann als das Echo der Zeit, aus der sie stammen, mit Respekt und Ehrfurcht. Der Umfang der Bedeutungen aber, die Tiefe des Sinnes, der sich einst mit ihnen verband, ist ihnen längst abhanden

gekommen... Wenn mythologische Aussagen aber auf ihren bloßen Wortsinn reduziert werden, dann gerinnen sie zum Aberglauben.«

Vertreter der theistischen Evolution gibt es in der Spannweite kritischer Theologie und Philosophie (z. B. *C. Westermann, G. Altner, C. F. v. Weizsäcker, T. de Chardin*) bis hin zu evangelikal orientierten Autoren (*J. Illies, H. Rohrbach*). Bibeltreue Auffassungen werden in ihren Publikationen i.a. als »unverbesserlich« und »fundamentalistisch« diffamiert (z. B. *J. Illies* [I3, 43], *H. v. Ditfurth* [D3, 306]).

Das Festhalten an den Gedankengängen der theistischen Evolutionslehre führt zur Preisgabe zentraler biblischer Aussagen und damit zum Ungehorsam gegenüber Gott. Die Bibel warnt vor einem solchen Verhalten:

1. Sam 15,23: »Weil du nun des Herrn Wort verworfen hast, hat er dich auch verworfen.«
Apg 13,46: »Nun ihr es (= das Wort Gottes) aber von euch stoßet, achtet ihr euch selbst nicht wert des ewigen Lebens.«

## 8.2 Gefahr Nr 2: Die Verdrehung des Wesens Gottes

JESUS zeigt uns Gott als den Vater im Himmel, der absolut vollkommen ist (Mt 5,48), und der Engel bekundet: »Heilig, heilig, heilig ist der Herr Zebaoth« (Jes 6,3). Gott ist allmächtig (1. Mo 17,1); er ist der »Vater des Lichts, bei welchem keine Veränderung noch Wechsel ist« (Jak 1,17). Der 1. Johannesbrief nennt drei grundlegende Wesensarten Gottes:

- Gott ist Liebe (1. Joh 4,16)
- Gott ist Licht (1. Joh 1,5)
- Gott ist Leben (Ps 36,10; 1. Joh 1,1-2).

JESUS ist als der Sohn Gottes der wahrhaftige Gott und das ewige Leben (1. Joh 5,20). »Durch ihn hat Gott auch die Welt gemacht« (Hebr 1,2). Er ist »sanftmütig und von Herzen demütig« (Mt 11,29), und »in ihm ist keine Sünde« (1. Joh 3,5). Wenn ein Gott mit solcher Wesensart etwas schafft, dann kann das Ergebnis nur lauten: »Seine Werke sind *vollkommen*« (5. Mo 32,4) oder »Und siehe da, es war *sehr gut*« (1. Mo 1,31). Wenn der Darwinismus als Prinzip der Lebensentstehung *»the survival of the fittest«* nennt, d. h. der am besten Angepaßte setzt sich durch, das Überlegenere gewinnt im Kampf ums Dasein, das Unangepaßte wird ausgemerzt, dann wird damit eine Methode genannt, die dem Wesen JESU als Schöpfer völlig widerspricht.

Nach der Entwicklungslehre werden alle Fortschritte der Evolution mit Leiden und Tod erkauft, die Verbesserung der Arten geht – wie es *C. F. v. Weizsäcker* formulierte – »über die Leichen der Individuen«. *Hans Sachsse* stellt bedauernd und anklagend fest [HT52, 51]: »Wir können uns des Eindrucks nicht erwehren, daß alles nicht so ist, wie es sein sollte. Mit welch ungeheurem Ausmaß an Schmerz und Leid bahnt sich die Entwicklung ihren Weg. Was wir an der Evolution wahrnehmen, ist nicht nur wunderbar, sondern auch grausam. Der Tod ist die Strategie der Evolution zur Steigerung der Lebendigkeit.« Die biblisch bezeugten Wesensarten Gottes werden ins Gegenteil verdreht, wenn ihm Tod und Grausamkeit als Schöpfungsprinzipien unterstellt werden. Der Theologe und Vertreter der theistischen Evolution, *Wolfgang Böhme,* geht sogar so weit, daß er die Sünde zum notwendigen Evolutionsfaktor verharmlost [HT57, 89-90]:

> »Ist Sünde nicht eher marginal, eine Erscheinung am Rande des großen Prozesses der Evolution, vielleicht sogar eine notwendige Erscheinung, wenn die Entwicklung voranschreiten soll? Die Natur sündigt nicht. Kann

> der Mensch sündigen, wenn er doch nur ihr Produkt, ein Glied in der Kette ihrer Hervorbringungen ist, von Erde ›genommen‹, zu der er wieder werden muß? *Teilhard de Chardin* meinte, daß Sünde den Evolutionsprozeß mit Notwendigkeit begleite, daß sie das ›Risiko‹ und der ›Schatten‹ sei, den alle Schöpfung mit sich bringe... Der Mythos vom Sündenfall steht am Anfang der Bibel.«

Bei dieser Denkweise ist nur noch ein winziger Schritt nötig, um Gott in völliger Selbstüberschätzung anzuklagen:

> »Wie kann... Gott dafür entschuldigt werden, daß er eine Welt geschaffen hat, die von allem Anfang an erfüllt ist mit Leiden jeder nur denkbaren Art – Schmerzen und Angst und Krankheit? Wie kommt das Böse in die Welt, wenn die Welt eine Schöpfung Gottes ist? ...jeder gläubige Mensch muß mit der Frage fertig werden, wie die Unvollkommenheit der Welt mit der Allmacht Gottes in Einklang zu bringen ist« (*H. v. Ditfurth* [D3, 145]).

Die obigen Zitate haben folgende antibiblische Auswirkungen der theistischen Evolutionslehre deutlich werden lassen:

- sie vermittelt eine falsche Vorstellung von Gott und von CHRISTUS
- sie stellt Gott als unvollkommen dar
- sie unterstellt dem Schöpfer Tod und Grausamkeit als Schöpfungsprinzipien
- sie unterstellt, daß der heilige Gott die Sünde benutzt hat, um Leben zu schaffen
- sie verharmlost die Sünde als notwendigen Evolutionsfaktor und läßt damit das Erlösungswerk JESU CHRISTI als einzige Rettungsmöglichkeit des Menschen (fast) absurd erscheinen

– sie sieht den Sündenfall als Mythos statt als Realität und gelangt darum zu einer falschen Deutung von Tod und Leid in dieser Welt.

## 8.3 Gefahr Nr. 3: Der Verlust des Schlüssels, um Gott zu finden

Die Bibel beschreibt den Menschen nach dem Sündenfall als ein in der Sünde durch und durch verstricktes Wesen: »Denn das Gute, das ich will, das tue ich nicht; sondern das Böse, das ich nicht will, das tue ich« (Röm 7,19). Nur wer diese Tatsache begriffen hat, stellt die konsequente Frage: »Ich elender Mensch! Wer wird mich erlösen?« (Röm 7,24). So sucht auch *nur* der Mensch, der sich in seiner Sünde und Verlorenheit begriffen hat, den Retter. JESUS brachte den Grund seiner Sendung in diese Welt auf die kurze Formel: »Des Menschen Sohn ist gekommen, selig zu machen, was verloren ist« (Mt 18,11). Allein als Sünder findet man den Zugang zu Gott: »Vater, ich habe gesündigt gegen den Himmel und vor dir« (Lk 15,21). Wer seine Sünde unter dem Kreuz JESU abgeladen hat, kann befreit ausrufen: »Ich danke Gott durch JESUS CHRISTUS, unseren Herrn!« (Röm 7,25).

Die Evolution kennt keine Sünde im biblischen Sinne der Zielverfehlung (gegenüber Gott). Sie macht die Sünde namenlos und tut damit genau das Gegenteil von dem, was der Heilige Geist tut, der »die Sünde sündig macht«. *J. Illies* deutet die Aggression als das Schwungrad, das die Evolution wesentlich in Gang gebracht hat. Der Faustkeil als wirksames Aggressionsinstrument wird für ihn zum Beleg der Menschwerdung. *Hans Mohr* sieht in Mord, Haß und Aggression die »Eierschalen der Evolution« (siehe EW9), die eine notwendige Voraussetzung waren, um den Menschen überhaupt hervorzubringen. Bei solcher Deutung der Sünde hat man den

Schlüssel verloren, um Gott zu finden. Nach der Bibel aber gilt: »*Alles* Unrecht ist Sünde« (1. Joh 5,17), und ohne die Inanspruchnahme der Vergebung durch den Sohn Gottes »sind wir noch in unseren Sünden« (1. Kor 15,17). Das Festhalten an der Evolutionslehre verdeckt das Wesen der Sünde und führt damit den Menschen in die Irre: »Wenn wir sagen, wir haben keine Sünde, so verführen wir uns selbst, und die Wahrheit ist nicht in uns« (1. Joh 1,8). Menschen mit dieser Ansicht sagte JESUS einmal: »Ihr werdet sterben in euren Sünden« (Joh 8,24). *Halten wir fest:* Eine theistische Evolution findet keinerlei Halt in der Bibel.

## 8.4 Gefahr Nr. 4: Die Menschwerdung Gottes wird relativiert

Die Menschwerdung Gottes in seinem Sohn JESUS CHRISTUS gehört zu den Grundlehren der biblischen Botschaft. Der Apostel Johannes bezeugt: »Das Wort ward Fleisch und wohnte unter uns« (Joh 1,14). Obwohl er in göttlicher Gestalt war, »entäußerte er sich selbst und nahm Knechtsgestalt an, ward gleich wie ein anderer Mensch und an Gebärden *als ein Mensch erfunden*» (Phil 2,7). Seine Menschwerdung brachte uns die Erlösung. So wurde er zum *einzigen* »Mittler zwischen Gott und den Menschen, nämlich der Mensch CHRISTUS JESUS« (1. Tim 2,5). Der Evolutionsgedanke nun entleert dieses Fundament unserer Erlösung. *Hoimar v. Ditfurth* geht auf die Unvereinbarkeit der Menschwerdung JESU mit dem Evolutionsdenken ein [D3, 21-22]:

> »Die evolutionistische Betrachtung zwingt uns nun unvermeidlich auch zu einer kritischen Überprüfung... christlicher Formulierungen. Dies gilt offensichtlich etwa für den zentralen christlichen Begriff der ›Menschwerdung‹ Gottes... Die Absolutheit, die dem Ereignis von Bethlehem im bisherigen christlichen Verständnis zugemessen wird, steht im Widerspruch zu der Identifikation

des Mannes, der dieses Ereignis personifiziert (= JESUS), mit dem Menschen in der Gestalt des Homo sapiens... Ich sehe nicht, wie sich der Widerspruch (zwischen Evolution und Menschwerdung JESU) anders beseitigen ließe als durch das Zugeständnis einer grundsätzlichen historischen Relativierbarkeit auch der Person Jesus Christus.«

*Von Ditfurth* führt weiter aus, daß JESUS kein universaler Mittler zwischen Gott und den Menschen sein könne, weil weder der Neandertaler (als mutmaßlicher Vorfahre des Menschen gedacht) noch unsere potentiellen Nachfahren JESUS verstehen konnten bzw. verstehen werden. Hieran wird offenkundig, auf welch gravierenden Substanzverlust sich die theistische Evolutionslehre eingelassen hat. Die Bibel gebietet uns, die Geister zu prüfen, ob sie von Gott sind. Der uns in 1. Johannes 4, 2-3 gegebene Maßstab hilft uns hier, die theistische Evolution einzuschätzen: »Daran sollt ihr den Geist Gottes erkennen: ein jeglicher Geist, der da bekennt, daß JESUS CHRISTUS ist *im Fleisch gekommen*, der ist von Gott; und ein jeglicher Geist, der JESUS nicht bekennt, ist nicht von Gott. Und das ist der Geist des Widerchrists, von welchem ihr habt gehört, daß er kommen werde.«

## 8.5 Gefahr Nr. 5: Die Relativierung des Erlösungswerkes JESU

Die Sünde in dieser Welt hat ihre Ursache in dem real stattgefundenen Sündenfall des ersten Menschen, von wo aus sie zu allen anderen gelangt ist: »Derhalben wie durch *einen* Menschen die Sünde in die Welt gekommen und der Tod durch die Sünde, so ist der Tod zu *allen* Menschen durchgedrungen, weil sie *alle* gesündigt haben. Gleichwohl herrschte der Tod von Adam an« (Röm 5,12-13). Auch im NT wird Adam ausdrücklich als der erste Mensch genannt (1. Kor 15,45; 1. Tim 2,13). Die theistische Evolutionslehre erkennt Adam weder als den ersten Menschen noch als einen direkt von Gott Geschaffenen an, sondern deutet die Schöpfungsgeschichte lediglich als eine mythische Erzählung. Damit relativiert sie in gleichem Maße das Erlösungswerk JESU, denn der Sünder Adam und der Retter JESUS stehen nach biblischer Lehre in gleichem Realitätsbezug:

> »Denn das Urteil hat aus des *einen* (= Adam) Sünde geführt zur Verdammnis; die Gnade aber hilft aus *vielen* Sünden zur Gerechtigkeit. Denn wenn um des *einen* Sünde willen der Tod geherrscht hat durch den *einen*, wieviel mehr werden die, welche empfangen die Fülle der Gnade und der Gabe zur Gerechtigkeit, herrschen im Leben durch den *einen*, JESUS CHRISTUS. Wie durch *eines* Sünde die Verdammnis über *alle* Menschen gekommen ist, so ist auch durch eines Gerechtigkeit die Rechtfertigung zum Leben für alle Menschen gekommen« (Röm 5,16-18).

Wer Adam nur mythisch, also nicht als echte historische Person ansieht, kann das Erlösungswerk JESU konsequenterweise auch nicht als realistisch akzeptieren. Nur so ist es zu verstehen, wenn *E. Jantsch* behauptet [J1, 412]: »Die Menschheit wird nicht von einem Gott erlöst, sondern aus sich selbst heraus.« Damit verdeckt die theistische Evolution »das helle Licht des Evangeliums« (2. Kor 4,4), durch das allein die Rettung des Menschen erwirkt wird.

### 8.6 Gefahr Nr. 6: Gott wird zum Lückenbüßer unverstandener Phänomene

Nach biblischer Lehre ist Gott der Urheber *aller* Dinge: »So haben wir doch nur einen Gott, den Vater, von welchem alle

Dinge sind und wir zu ihm; und einen Herrn JESUS CHRISTUS, durch welchen alle Dinge sind und wir durch ihn« (1. Kor 8,6). Gott schuf also durch CHRISTUS, wie es andere Textstellen noch ausführlicher belegen (Joh 1,3; Kol 1,15-17; Hebr 1,3). Unabhängig davon, ob wir die naturwissenschaftlichen Detailaspekte der vorhandenen Schöpfung aus der Sicht von Physik, Chemie, Biologie, Astronomie, Physiologie oder Informatik verstanden haben oder nicht, sie sind allemal sein Werk und seine Idee (Kol 2,3).

Wer in dem gelungenen Buchtitel *»Der Jahrhundertirrtum«* von *J. Illies* eine Absage an den Darwinismus zugunsten des biblischen Schöpfungsberichtes erwartet, wird (merkwürdigerweise!) durch ein festes Bekenntnis zur Evolution enttäuscht [I4, 188]: »Die Evolutionslehre selbst ist so wenig eine Theorie wie die Lehre von den Gebirgen und Meeren dieser Erde... Der Wandel der Tier- und Pflanzenwelt im Laufe erdgeschichtlicher Epochen, in dem immer höhere Gestalten, schließlich der Mensch selbst sich im Strom einer ununterbrochenen Kette von Generationen entwickelte, ist für den biologischen Fachmann (Verf.: aber nur, wenn er evolutionistisch denkt!) ebenso sichtbare Tatsache wie die Existenz von Bergen und Meeren für den Geographen.« Evolution wird also als Faktum angesehen. *Illies* erkennt aber, daß die Evolutionsfaktoren Mutation, Selektion und Isolation nicht ausreichen, um die Artgrenzen zu überschreiten: »Niemand – selbst wenn ihm viele Jahrmillionen dafür zur Verfügung stünden – kann Erbsen und Linsen so sieben, daß Bohnen entstehen« (S.57). Nun ist für die theistische Evolutionslehre der Punkt erreicht, wo Gott eingeschaltet wird. Lautet die Formel der Evolutionslehre in ihrer atheistischen Grundform:

**Evolution** = Materie + Evolutionsfaktoren (Zufall und Notwendigkeit + Mutation + Selektion + Isolation + Tod) + sehr lange Zeiten, so kommt bei der theistischen Variante noch Gott dazu:

**Theistische Evolution** = Materie + Evolutionsfaktoren (Zufall und Notwendigkeit + Mutation + Selektion + Isolation + Tod) + sehr lange Zeiten + **Gott**

Gott ist im theistischen Evolutionssystem nicht der allmächtige Herr über alle Dinge, den man in seinem Wort ernst zu nehmen hat, sondern er wird in die Evolutionsphilosophie mit integriert. Als Wirkraum bleibt für ihn jener Teil übrig, den die Evolutionslehre mit ihren Mitteln nicht erklären kann. So wird er zum Lückenbüßer jener Phänomene, für die es noch keine Deutung gibt. In einem solchen Denkgebäude wird mit zunehmendem Kenntnisstand die »Wohnungsnot Gottes« – wie es *E. Haeckel* nannte – ständig größer. Die Abweichungen der Gottesvorstellung vom biblischen Zeugnis sind in der theistischen Evolutionslehre z. T. sehr erheblich. Bei *E. Jantsch* finden wir einen Gott vor, der selbst Evolution ist [J1, 412]: »*Hans Jonas* hat dieser evolutionären Gottesidee den vielleicht großartigsten Ausdruck verliehen in seinem Gedanken, daß Gott sich in einer Abfolge von Evolutionen immer wieder selbst aufgibt, sich in ihr transformiert mit allen Risiken, die Unbestimmtheit und freier Wille im Spiel evolutionärer Prozesse mit sich bringen. Gott ist also nicht absolut, sondern er evolviert selbst – er *ist* Evolution.« Hieran wird deutlich: Alle selbstgemachten Bilder von Gott, die da heißen: der »Gott der Evolution«, der »Gott der Philosophen« oder der »Gott der Physiker« sind von Grund auf falsch. Hier bekommt das Gebot des lebendigen Gottes der Bibel, des Vaters JESU CHRISTI, Bedeutung: »Du sollst keine anderen Götter neben mir haben« (2. Mo 20,3).

## 8.7 Gefahr Nr. 7: Der Verlust des biblischen Zeitmaßstabes

Die Bibel liefert uns bezüglich der Zeitachse, auf der die Weltgeschichte abläuft, zwar keine in Einheiten der Atomuhr fixierbaren Daten, dennoch gehören folgende Fakten zeitlicher Abläufe zum grundlegenden biblischen Verständnis:

- Die Zeitachse ist nicht in Richtung Vergangenheit oder Zukunft beliebig verlängerbar. Sie hat einen definierten Anfangspunkt, den 1. Mose 1,1 markiert, und ebenso einen Endpunkt (Offb 10,6), bei dem die Existenz des physikalischen Phänomens Zeit aufhört (ausführlicher in [G5, 23-31]).
- Die Erde und alle sonstigen Gestirne sind – bis auf die Differenz dreier Schöpfungstage – gleich alt.
- Die gesamte Dauer des Schöpfungsaktes umfaßt sechs Tage (2. Mo 20,11).
- Das Alter der Schöpfung ist anhand der in der Bibel konsequent aufgezeichneten Stammbäume abschätzbar (Achtung: Nicht *exakt* berechenbar). Die Größenordnung liegt danach bei einigen tausend Jahren, in keinem Falle aber im Bereich von Jahrmillionen oder gar Jahrmilliarden.
- Auf den markantesten Punkt der bisherigen Weltgeschichte weist uns Galater 4,4 hin: »Als aber die Zeit erfüllet ward, sandte Gott seinen Sohn.« Dieses Ereignis des ersten Kommens JESU liegt fast 2000 Jahre zurück.
- Mit Pfingsten ist die letzte Phase der Weltgeschichte (Apg 2,17) eingeläutet, die ihren Abschluß in der Wiederkunft JESU findet.
- Das Kommen JESU in Macht und Herrlichkeit ist das große uns bevorstehende und erwartete Ereignis. Das genaue Datum ist uns versagt, denn »der Tag des Herrn wird kommen wie ein Dieb in der Nacht« (1. Thess 5,2). JESUS selbst aber hat uns markante Zeichen genannt (Mt 24), die auf die Zeit seines bevorstehenden Kommens hin-

weisen, so daß wir heute in einer Naherwartung stehen wie nie zuvor.

Die von der Evolutionslehre angesetzten Zeiten in Vergangenheit (vgl. EW10) und Zukunft (vgl. EW11) relativieren die Zeitmaßstäbe der Bibel ebenso wie die angezeigten Ereignisse des Endes. Während die Bibel unseren Blick auf den kommenden Herrn und die zeitliche Begrenzung dieser Welt (d. h. ihre Vergänglichkeit) richtet, glauben die Anhänger der Evolutionslehre an eine evolutive Weltvollendung, die bei *Hoimar v. Ditfurth* als Jenseits uminterpretiert wird [D3, 300-301]:

> »Die von Theologen unbeirrt vorgetragene Behauptung, daß das Reich Gottes ›jenseits‹ dieser Welt liege, schien auf einen Ort zu verweisen, für den sich kein Platz mehr finden ließ. In einer noch werdenden, ihrer Vollendung durch Evolution erst noch entgegengehenden Welt ergeben sich ganz andere Voraussetzungen. Die Tatsache der Evolution hat uns die Augen dafür geöffnet, daß die Realität dort nicht enden kann, wo die von uns erlebte Wirklichkeit zu Ende ist. Nicht die Philosophie, nicht die klassische Erkenntnistheorie, die Evolution erst zwingt uns zur Anerkennung einer den Erkenntnishorizont unserer Entwicklungsstufe unermeßlich übersteigenden ›weltimmanenten Transzendenz‹.«

Das evolutive Denken in langen Zeiträumen hat zu einer Verunsicherung bis in evangelikale Kreise hinein geführt. Wie anders ist es zu verstehen, wenn der Theologe *Hansjörg Bräumer* zunächst seine Position klar markiert [B5, 32] »Für jeden, der sich für eine Wissenschaft mit Gott entscheidet, sind die Grundmotive des Denkens festgelegt«, dann aber einige Seiten später schreibt (S. 44): »Es tut daher dem Schöpfungsbericht keinen Abbruch, die Schöpfung in Rhythmen von Jahrmillionen zu sehen.«

Die Vertreter der theistischen Evolution verleiten mit ihrer Lehre zu einem Verlust der biblisch gegebenen Zeitmaßstäbe. Leider ist zu beobachten, daß diese Autoren mit Pünktlichkeit den irischen Bischof *J. Ussher* zitieren, nach dessen Berechnungen die Welt im Jahre 4004 v. Chr. erschaffen sein soll. Damit der Leser von der Lächerlichkeit solcher Vorgehensweise auch wirklich überzeugt wird, folgt der nun alles belegende Nachsatz seines Zeitgenossen *J. Lightfoot:* »Es soll am 23. Oktober morgens 9.00 Uhr gewesen sein.« Damit versucht man sich leider biblischer Zeitmaßstäbe *grundsätzlich* zu entledigen. *Ussher* ist zwar insofern zuzustimmen, wenn er von biblischen Stammbäumen ausgeht; jedoch hat er mit seiner Präzision einer definierten Jahreszahl über den gegebenen Rahmen biblischer Zeitgebung in eigenem Ermessen hinauskalkuliert. Das evolutive Zeitdenken, für das es keine physikalische Begründung gibt (ausführlich behandelt in [S2]), kann zu zwei Irrwegen verführen:

**1.** *Die Bibel wird nicht in all ihren Aussagen ernst genommen.* Damit versagen wir Gott jenes Vertrauen, das die Grundlage des Verhältnisses des Gläubigen zu Gott bildet (Hebr 10,35). Daß wir Gott die Schöpfung in sechs Tagen zutrauen, ist sicherlich nicht heilsnotwendig, aber das Festhalten auch an dieser Aussage wird zum Testfall eines bibeltreuen Schriftverständnisses.

**2.** *Die gebotene Wachsamkeit im Blick auf die Wiederkunft JESU kann verlorengehen.* Die Bibel warnt vor solchen Leuten, die uns direkt oder indirekt sagen »Wo bleibt die Verheißung seines Kommens?« und uns glauben machen, »es bleibt alles, wie es von Anfang der Schöpfung gewesen ist« (2. Petr 3,4).

## 8.8 Gefahr Nr. 8: Die Fehldeutung der Wirklichkeit

In evolutionistischen Publikationen fallen ständig wiederkehrende Sätze auf, die uns aufhorchen lassen sollten:

- »Kein seriöser Biologe bezweifelt die Evolution« (*R. Dawkins* [D2, 337]).
- »Noch nie hat sich eine von einem einzigen Manne aufgestellte Lehre... so wahr erwiesen wie die Abstammungslehre von *Charles Darwin« (K. Lorenz).*

Warum hat die Evolutionslehre es nötig, mit solchen Beteuerungsformeln zu arbeiten? In Fachpublikationen der Physik, der Chemie oder der Informatik wird man solche Glaubensbekenntnisse vergeblich suchen. Vielmehr ist man dazu geneigt, die abgeleiteten Ergebnisse mit allem Vorbehalt zu kommentieren. Trifft bei der Evolutionsphilosophie nicht eher das Wort *Nietzsches* zu: »Überzeugungen sind schlimmere Feinde der Wahrheit als Lügen.«?

Eine wissenschaftstheoretische Analyse gemäß den Sätzen W1 bis W10 führt bei der ›Evolutionstheorie‹ zu dem Ergebnis, daß sie den Rang einer wissenschaftlichen Theorie *nicht* besitzt. Einige Beispiele sollen diese Aussage verdeutlichen:

- Es ist nie ein Prozeß in der Natur beobachtet worden, wonach Information in der Materie von selbst entsteht. Auch durch die aufwendigsten Experimente ist so etwas nicht möglich (Verletzung von Satz W10).
- Es ist nie der Übergang von einem Grundtyp zu einem anderen beobachtet worden (Verletzung von Satz W10).
- Die von *M. Eigen* entworfene »Theorie« des *Hyperzyklus* zur Erklärung der anfänglichen Lebensentstehung ist nie im Experiment bestätigt worden. Damit hat dieses Gedankensystem noch nicht einmal den Rang einer Theorie (vgl.

Satz W7 und W10), geschweige denn eines Realitätsbezugs.
- Die vielzitierten Zwischenglieder als Übergangsformen sind nie gefunden worden. Alle fossilen Zeugen repräsentieren fertige, vollendete Lebewesen.

Wie auch an den behandelten wissenschaftlichen Einwänden (EW1 bis EW20) deutlich wurde, liefert die Evolutionslehre nicht das, was sie zu leisten vorgibt. So fragt man sich zu Recht, warum daran mit solcher Selbstverständlichkeit geglaubt wird, während man den Schöpfungsbericht der Bibel als Mythos leichtfertig beiseite schiebt, wie es z. B. bei *Dawkins* geschieht [D2, 372]: »Die Schöpfungsgeschichte der Bibel ist lediglich der Mythos, der zufällig von einem bestimmten nahöstlichen Hirtenvolk übernommen wurde. Sie hat keinen anderen oder bedeutenderen Status als der Glaube eines bestimmten westafrikanischen Stammes, daß die Welt aus Ameisenexkrementen geschaffen wurde.« Daß *Dawkins* auch nicht ohne Glaubensvorentscheidung auskommt, wird deutlich, wenn er erklärt (S. 337): »Wenn ich recht habe, bedeutet das, daß es – selbst wenn es keine tatsächlichen Beweise zugunsten der *Darwin*schen Theorie gäbe – immer noch gerechtfertigt wäre, ihr vor allen rivalisierenden Theorien den Vorzug zu geben.«

Ist die Evolutionsdenkweise *falsch* – und darauf haben wir mehrfach mit naturwissenschaftlichen und biblischen Argumenten verwiesen –, dann arbeiten zahlreiche Wissenschaften auf falscher Basis; sie gelangen immer dann zur Fehldeutung der Wirklichkeit, wenn die Evolution gedanklich mit eingeht. Ist die biblische Schöpfungslehre *wahr*, so können wir von dort ausgehend, eine auf Wahrheit gegründete und damit bessere Wissenschaft betreiben. *Schöpfungsforschung* ist darum aus folgenden Gründen geboten:

- Die erarbeiteten Theorien gehen von Basissätzen aus, die der Bibel entlehnt sind und darum a priori als *wahr* geglaubt werden.
- Wir werden wegen dieser Wahrheitsbasis in all jenen Bereichen, wo biblische Bezüge uns unverzichtbare Grundinformationen liefern (z. B. Sündenfall, Sintflut, Menschenbild), nicht nur eine bessere, sondern eine überhaupt richtige Wissenschaft treiben können.
- Die im Rahmen der Schöpfungsforschung gefundenen Ergebnisse werden mit den Grundaussagen der Bibel in Einklang stehen. Das führt in der Rückkopplung zur Festigung des bibeltreuen Schriftverständnisses.
- Wenn wir an naturwissenschaftlichen Beispielen vermehrt zeigen können, daß der Bibel gerade an der Stelle, wo sie von vielen Zeitgenossen am meisten in Frage gestellt wird, volles Vertrauen gebührt, so darf mit der gleichen Gewißheit den Heilsaussagen geglaubt werden.
- *Hinter* und *in allen Werken* ersehen wir die Kraft und die Weisheit Gottes (Röm 1,19; Kol 2,3).
- Forschung bereitet Freude: »Groß sind die Werke des Herrn; wer sie erforscht, der hat Freude daran« (Ps 111,2).

## 8.9 Gefahr Nr. 9: Der Verlust des Schöpfungsdenkens

Wir müssen deutlich unterscheiden zwischen der *Erforschung* der jetzt vorliegenden Schöpfung und dem *Nachdenken* darüber, wie diese Schöpfung entstanden ist. Während die jetzige Schöpfung mit dem Instrumentarium naturwissenschaftlicher Forschung (Messen und Wägen, Beobachtung, Experiment) unter Beachtung der genannten Basissätze der Schöpfungslehre untersucht werden kann, ist dies für die Zeit der Erschaffung (sechs Tage) selbst grundsätzlich nicht möglich (siehe Basissatz S3). Ebenso wie wir eine fertige Maschine hinsichtlich ihrer Funktion, ihrer Effektivität, der realisierten Konstruktionsprinzipien und verwendeten

Werkstoffe mit ingenieurmäßigem Wissen untersuchen können, so lassen sich die meisten Fragen ihrer Entstehung (z. B. Herkunftsland, Person des Konstrukteurs, Hintergründe der Konstruktionsidee) nicht am fertigen Produkt ablesen. Nur der Hersteller selbst kann hinreichende und zutreffende Information darüber liefern. Wieviel mehr gilt dies für den Erschaffungsvorgang aller Schöpfungswerke. In die Schöpfungswoche selbst können wir mit dem Verständnis unserer Naturgesetze nicht hineinextrapolieren, da diese hier erst »Zug um Zug« geschaffen wurden. Die Bibel lehrt uns einige Prinzipien des Erschaffungshandelns, die für das Schöpfungsdenken unverzichtbar sind:

- Alles augenblicklich Erschaffene würden wir aus der Sicht unserer jetzigen Erfahrung mit einem jeweils unterschiedlichen Alter verbinden:
  - Adam würden wir vielleicht als einen 20jährigen Mann einschätzen
  - Eine Sonnenblume empfänden wir als dreimonatiges Gewächs
  - Die hohen Bäume in Eden hielten wir für 80jährig
  - Dem Andromedanebel würden wir wegen seiner Entfernung sogar ein Alter von 2,3 Millionen Jahren zubilligen.

  Es ist hier nicht so, daß uns Gott mit diesem Altersanschein täuschen will, vielmehr bringen wir selbst mit unserer jetzigen Denkweise diese Altersspannen hinein.
- Gott schafft Materie ohne Ausgangssubstanz. Keines unserer jetzigen Naturgesetze könnte das erklären.
- Gott schuf zuerst die Erde und am vierten Schöpfungstag den Mond als Trabanten, das zugehörige Sonnensystem, die zugehörige Milchstraße und alle sonstigen Gestirne des Universums. Mit Hilfe unserer jetzt gültigen Gravitationsgesetze und *Keplerschen* Gesetze ist ihre Entstehung nicht erklärbar.

Bei der Evolutionsdenkweise hingegen glaubt man, gerade auch die Entstehungsvorgänge mit Hilfe der Naturgesetze erklären zu können (siehe Basissatz E4). Dies ist vom biblischen Ansatz her nicht möglich. Die theistische Evolutionsdenkweise ignoriert die biblischen Schöpfungsprinzipien, und trägt dafür evolutives Gedankengut in die Bibel hinein. Dadurch wird das Allmachtshandeln Gottes letztlich verneint. In unserer Zeit gewinnt der Text aus Sirach 18, 1-7 *(Gute Nachricht 1982)* eine besondere Aktualität:

> »Er, der ewig lebt, hat alles geschaffen, ausnahmslos alles! Der Herr allein behält am Ende recht. Keinem hat er die Fähigkeit verliehen, seine Taten hinreichend zu schildern; keiner kann seine ganze Größe erforschen. Wer kann seine gewaltige Macht ermessen? Wer kann alle Erweise seines Erbarmens aufzählen? Man kann nichts davon wegnehmen, man kann auch nichts hinzufügen. Es ist unmöglich, die Wunder des Herrn zu ergründen. Wenn einer meint, er sei am Ende mit seinem Bericht, dann ist er noch ganz am Anfang. Und wenn er aufhört, dann nur, weil er nicht mehr weiter weiß.«

### 8.10 Gefahr Nr. 10: Das Ziel wird verpaßt

Wir kommen auch bei der Frage des Zieles zu einem gewichtigen Unterschied zwischen biblischem und evolutivem Denken. In keinem Buch der Weltgeschichte finden wir so viele und so hochwertige Zielsetzungen für den Menschen wie in der Bibel. Einige Beispiele sollen diesen Aspekt ins Blickfeld rücken:

**1.** *Wir Menschen sind das göttliche Ziel der Schöpfung:* »Und Gott schuf den Menschen ihm zum Bilde, zum Bilde Gottes schuf er ihn« (1. Mo 1,27).
**2.** *Wir Menschen sind das Ziel der göttlichen Liebe:* »Ich habe dich je und je geliebt; darum habe ich dich zu mir gezogen aus lauter Güte« (Jer 31,3).

**3.** *Wir Menschen sind das Ziel der göttlichen Erlösung:* »Er ist um unserer Missetat willen verwundet und um unserer Sünde willen zerschlagen. Die Strafe liegt auf ihm, auf daß wir Frieden hätten, und durch seine Wunden sind wir geheilt« (Jes 53,5).
**4.** *Wir Menschen sind das Ziel der Sendung des Sohnes Gottes:* »Darin ist erschienen die Liebe Gottes unter uns, daß Gott seinen eingeborenen Sohn gesandt hat in die Welt, daß *wir* durch ihn leben sollen« (1. Joh 4,9).
**5.** *Wir sind das Ziel des göttlichen Erbes:* »Auf daß wir durch desselben Gnade gerecht werden und Erben seien des ewigen Lebens« (Tit 3,7).
**6.** *Wir Menschen haben den Himmel als vorgegebenes Ziel:* »Unsere Heimat aber ist im Himmel« (Phil 3,20).

Im Evolutionssystem hingegen ist kaum etwas anderes so verpönt wie die *Zielhaftigkeit*. Es gibt weder einen Plan noch ein Ziel (siehe Basissatz E9): »Es gibt keine aus der Zukunft wirkenden Ursachen und damit kein im voraus festliegendes Ziel der Evolution« *(H. v. Ditfurth)*. Ebenso äußert sich der DDR-Biologe *H. Penzlin* [P2, 19]: »Niemals verlaufen die Anpassungen in der Evolution aufgrund eines Programmes zielgerichtet, deshalb können sie auch nicht als teleonomisch bezeichnet werden.« In einer umfassenden Übersichtsarbeit hat *Penzlin* gezeigt, wie die Evolutionslehre vor dem Problem steht, die Zweckmäßigkeit in der organismischen Welt ohne die »Annahme eines Weltschöpfers und Weltbaumeisters zu erklären« und ohne dabei die Zweckmäßigkeit selbst leugnen zu müssen. Welch ein merkwürdiges und widersprüchliches Unterfangen (vgl. Röm 1,19-20)! *Karl Marx* schrieb 1861 an *Ferdinand Lasalle*, daß durch das Werk *Darwins* der *Teleologie** in der Naturwissenschaft der Todesstoß

* **Teleologie** (griech. *telos* = Ziel, Zweck; *logos* = Wort, Lehre) ist die Lehre, daß besonders im Bereich des Lebendigen alles auf Zielgerichtetheit, Finalität und Zweckbestimmung angelegt ist. Der Schluß von der Zweckmäßigkeit der Welt auf den zweckgebenden Schöpfer ist eine logische Konsequenz.

versetzt wurde [P2, 9]. *Penzlin* möchte in der Biologie das Wort »teleologisch« so umdeuten, daß darunter nicht mehr etwas »Zielintendiertes« verstanden wird. Ein anderer Vorschlag aus den Reihen der Evolutionsvertreter, nämlich von *C. S. Pittendrigh,* geht in Richtung eines neu zu prägenden Wortes: »Teleologie« sollte durch »Teleonomie« ersetzt werden, wobei letzterer Begriff nicht mehr auf Plan und Ziel bei aller erkannten Zweckmäßigkeit verweisen soll.

Wenn der Mensch nicht das ausgemachte Ziel der Evolution ist – darin herrscht unter den Vertretern der Evolutionslehre Einigkeit –, dann muß sein Dasein konsequenterweise auch sinnlos sein. Diesen Aspekt hat *Carsten Bresch* gedanklich entfaltet [B6, 21]:

> »Die Natur scheint eine Ziel- und Sinn-lose Maschinerie zu sein. Haben wir die neue geistige Freiheit mit dem Sinn unserer Existenz bezahlt? Allein steht der halbwissende Mensch, entwurzelt in der Grenzenlosigkeit eines eisigen Universums – verloren in der Kette der Generationen. Sie kamen aus dem Nichts – sie gehen ins Nichts. Wozu das Ganze? – Ist dies das ersehnte Ziel der Erkenntnis – die letzte große Antwort auf alle Fragen an die Natur? Der Mensch hat sich selbst aus der göttlichen Ordnung, aus dem Gefühl seelischer Geborgenheit ›herausexperimentiert‹... Er hat die Frage nach dem Sinn menschlichen Lebens zu einem Tabu gemacht – ihren Zugang einfach mit Brettern vernagelt. Er wagt nicht mehr, daran zu rühren, weil er fürchtet, die trostlose Antwort zu finden: Unser Leben hat überhaupt keinen Sinn.«

Es ist *H. v. Ditfurth* nicht entgangen, daß wir uns leidenschaftlich gegen die Evolutionslehre wenden [D3, 340]: »Es fällt jedenfalls auf, daß *Sigmund Freud*, der immerhin gelehrt hat, daß der Glaube an einen Gott in Wirklichkeit nichts anderes sei als eine Form ›infantiler Wunscherfüllung‹, aus den gleichen Kreisen niemals auch nur in annähernd so scharfer Form angegriffen worden ist wie der Begründer der Evolutionstheorie.« Sieht man einmal von der falschen Behauptung ab, wir würden *Darwin* als Person angreifen, so hat *v. Ditfurth* aber darin recht, daß wir die auf *Darwin* zurückgehende Lehre kritisieren. Der Atheismus – gleichgültig in welchem philosophischen Gewand er auftritt –, ist als antigöttlich und antibiblisch auf Anhieb erkennbar, so daß er für Christen keine direkte Gefahr darstellt. Völlig anders verhält es sich mit jenen Ideensystemen, die nach dem Wort JESU (Mt 7,15) in »Schafskleidern« erscheinen, sich aber als »reißende Wölfe« entpuppen. Sie integrieren – wie die theistische Evolutionslehre – scheinbar mühelos christliches Gedankengut. Sie entleeren aber die Botschaft der Bibel und kommen als »greuliche Wölfe, die die Herde nicht verschonen« (Apg 20, 29). JESUS bezeichnet alle Systeme, die uns dazu verleiten, nicht »zur Tür (= JESUS) in den Schafstall hineinzugehen«, als Diebe und Räuber (Joh 10,1). Wenn der Mensch nicht geplant ist, dann hat er auch kein Ziel. Wenn er auf ein ihm gesetztes Ziel nicht achtet, verpaßt er es. Aus diesem Grunde ermahnt die Bibel mehrfach:

»Darum sollen wir desto mehr achthaben auf das Wort, das wir hören, damit wir nicht am Ziel vorbeitreiben« (Hebr 2,1).
»Lasset euch von niemand das Ziel verrücken« (Kol 2,18).
»Sehet zu, daß euch niemand einfange durch Philosophie und leeren Trug, gegründet auf der Menschen Lehre« (Kol 2,8).

# Literatur


[B1] Beck, H. W.: Genesis – Aktuelles Dokument vom Beginn der Menschheit – Neuhausen-Stuttgart, 1983

[B2] Benesch, H.: Der Ursprung des Geistes, München, 1980

[B3] v. Bertalanffy, L.: Das biologische Weltbild, Bern, 1949

[B4] Blechschmidt, E.: Gestaltungsvorgänge in der menschlichen Embryonalentwicklung in: W. Gitt (Hrsg.), Am Anfang war die Information, Gräfelfing/München, 1982

[B5] Bräumer, H.: Wuppertaler Studienbibel – Das erste Buch Mose Kap. 1 bis 11 – Wuppertal, 1983

[B6] Bresch, C.: Zwischenstufe Leben – Evolution ohne Ziel? Frankfurt/M., 1979

[B7] Breuer, R.: Vom Ende der Welt Bild der Wissenschaft (1981), H. 1, S. 47-55

[D1] Davies, P.: Gott und die moderne Physik, München, 1986

[D2] Dawkins, R.: Der blinde Uhrmacher – Ein Plädoyer für den Darwinismus – München, 1987

[D3] v. Ditfurth, H.: Wir sind nicht von dieser Welt, München, 1984

[E1] Eccles, J. C., Zeier, H.: Gehirn und Geist München, 1980

[E2] Ellinger, T., (Hrsg.): Schöpfung und Wissenschaft – Denkansätze der Studiengemeinschaft WORT UND WISSEN, Neuhausen-Stuttgart, 1988

[G1] Gipper, H.: Sprachursprung und Spracherwerb in: Herrenalber Texte HT 66, 1985, S. 65-88

[G2] Gitt, W.: Logos oder Chaos – Aussagen und Einwände zur Evolutionslehre sowie eine tragfähige Alternative – Neuhausen-Stuttgart, 2. überarb. und erw. Aufl. 1985

[G3] Gitt, W.: Ordnung und Information in Technik und Natur in: W. Gitt (Hrsg.), Am Anfang war die Information, Gräfelfing/München, 1982

[G4] Gitt, W.: Denken, Glauben, Leben – Technik, Religion, Evangelium – Neuhausen-Stuttgart, 2. Aufl. 1985

[G5] Gitt, W.: Das biblische Zeugnis der Schöpfung Neuhausen-Stuttgart, 2. verb. Aufl. 1985

[G6] Gitt, W.: Das Fundament – Zum Schriftverständnis der Bibel – Neuhausen-Stuttgart, 1985

[G7] Gitt, W.: Energie – optimal durch Information, Neuhausen-Stuttgart, 1986

[G8] Gitt, W.: Wozu gibt es Sterne? Neuhausen-Stuttgart, (in Vorb.)

[G9] Gitt, W.: Information und Entropie als Bindeglieder diverser Wissenschaftszweige
PTB-Mitteilungen 91 (1981), S. 1-17

[H1] Hansen, K.: Ein Streifzug durch die Geschichte des Lebens, seine Entstehung und Entwicklung
Kultur & Technik (1980), H. 3, S. 25-37

[H2] Hartwig-Scherer, S.: Ramapithecus – Vorfahr des Menschen? »STUDIUM INTEGRALE«, Berlin, 1988

[H3] Havemann, R.: Dialektik ohne Dogma
– Naturwissenschaft und Weltanschauung –
Reinbek, 1964

[H4] Heckmann, O. Sterne, Kosmos, Weltmodelle
München, 1980

[I1] Illies, J.: Für eine menschenwürdigere Zukunft, Freiburg/Br., 5. Aufl. 1977

[I2] Illies, J.: Biologie und Menschenbild
Freiburg/Br., 2. Aufl. 1977

[I3] Illies, J.: Schöpfung oder Evolution
Zürich, 1979

[I4] Illies, J.: Der Jahrhundertirrtum
– Würdigung und Kritik des Darwinismus –
Frankfurt/M, 1983

[I5] Illies, J.: Mit dem Kopf durch den Sand
Deutsches Allgemeines Sonntagsblatt vom 7.5.1978

[J1] Jantsch, E.: Die Selbstorganisation des Universums, München, 1979

[J2] Junker, R.; Scherer, S.: Entstehung und Geschichte der Lebewesen
– Daten und Deutungen für den

schulischen Bereich –
Gießen, 1986

[J3] Junker, R.: Rudimentäre Organe
»STUDIUM INTEGRALE«,
Berlin, 1989

[K1] Kaplan, R. W.: Der Ursprung des Lebens
Stuttgart, 1. Aufl. 1972

[K2] Kübler-Ross, E.: Reif werden zum Tode
Gütersloh, 3. Aufl. 1983

[K3] Küppers, B.-O.: Ordnung aus dem Chaos
München, 1987

[K4] Küppers, B.-O.: Der Ursprung biologischer Information
– Zur Naturphilosophie der Lebensentstehung – München, Zürich, 1986

[K5] Kuhn, H.: Selbstorganisation molekularer Systeme und die Evolution des genetischen Apparats
Angewandte Chemie 84 (1972), S. 838-862

[K5] Kuhn, T. S.: Die Struktur wissenschaftlicher Revolutionen, Frankfurt/M., 1973

[L1] Läpple, A.: Die Bibel – heute, München, 1974

[L2] Lorenz, K.: Das sogenannte Böse
– Zur Naturgeschichte der Aggression –
München, 6. Aufl. 1979

[M1] Mayr, E.: Gedanken zur Evolutionsbiologie
Naturwissenschaften 75 (1969), H 8, S. 392-397

[M2] Mohr, H.: Leiden und Sterben als Faktoren der Evolution
in: Herrenalber Texte HT 44, 1983, S. 9-25

[M3] Monod, J.: Zufall und Notwendigkeit
München, 3. Aufl. 1977

[O1] Oeing-Hanhoff, L.: Das Böse im Weltlauf
in: Herrenalber Texte HT 44, 1983, S. 50-67

[O2] Osche, G.: Die Motoren der Evolution
– Zweckmäßigkeit als biologisches Problem –
Biologie in unserer Zeit 1(1971), S. 51-61

[P1] v. Padberg, L.: Dialog zwischen Christentum und Weltreligionen
Bibel und Gemeinde 87 (1987), H. 1, S. 37-45

[P2] Penzlin, H.: Das Teleologie-Problem in der Biologie
Biologische Rundschau 25 (1987), S.7-26

[P3] Peters, D.S.: Das Biogenetische Grundgesetz – Vorgeschichte und Folgerungen, Medizinhistorisches Journal (1980), S. 57-69

[P4] Popper, K. R.: Logik der Forschung, Tübingen, 8. Aufl. 1984

[P5] Popper, K. R.: Das Elend des Historizismus, Tübingen, 5. Aufl. 1979

[R1] Rensch, B.: Das universale Weltbild
– Evolution und Naturphilosophie –
Frankfurt/M., 1977

[R2] Riedl, R.: Die Strategie der Genesis
München, Zürich,
3. Aufl. 1984

[S1] Scherer, S., Lambert, G.: Korrekturlesemechanismen beim biologischen Informationstransfer, Naturwissenschaftliche Rundschau 39 (1986), S. 20-23

[S2] Schneider, H.: Der Urknall und die absoluten Datierungen, Neuhausen-Stuttgart, 1982

[S3] Siewing, R. (Hrsg.): Evolution
– Bedingungen – Resultate – Konsequenzen –
Stuttgart, New York, 2. bearb. Aufl. 1982

[S4] Stegmüller, W.: Metaphysik, Skepsis, Wissenschaft
Berlin, Heidelberg, New York, 2. Aufl. 1969

[T1] Tanner, W.: Altern und Tod aus der Sicht der Biologie. Biologie in unserer Zeit, 10 (1980), S. 45-51

[W1] v. Wahlert, G. u. H.: Was Darwin noch nicht wissen konnte, München, 1981

[W2] Weinberg, S.: Die ersten drei Minuten
– Der Ursprung des Universums –
München, 1980

[W3] v. Weizsäcker, C. F.: Evolution und Entropiewachstum
Festvortrag anl. der Jahrestagung der Deutschen Ges. für Biophysik, Regensburg 1976,
Sonderdruck der Stadt Regensburg.

[W4] Wieland, W.: Möglichkeiten und Grenzen der Wissenschaftstheorie
Angewandte Chemie 93 (1981), S. 627-634

[W5] Wuketits, F. M.: Biologie und Kausalität
Berlin, Hamburg, 1981, 165 S.

[W6] Wuketits, F. M.: Evolutionäre Erkenntnistheorie als neue Synthese
Herrenalber Texte HT52, 1983

[W7] Wuketits, F. M.: Gesetz und Freiheit in der Evolution
Umschau 79 (1979), S. 268-275

# Namenregister


Altner, G. 101

Beck, H. W. 8, 54, 98
Benesch, H. 52, 53
Bertalanffy, L. v. 40
Blechschmidt, E. 51
Böhme, W. 102
Bohr, N. 84
Bräumer, H.-J. 111
Bresch, C. 16, 18, 73, 119
Breuer, R. 58, 59, 63, 95

Chardin, T. de 63, 101, 103

Darwin, Ch. 29, 50, 53, 82, 83, 113, 118, 120
Davies, P. 58, 62, 90
Dawkins, R. 113, 114
Ditfurth, H. v. 14, 17, 100, 101, 103, 105, 106, 111, 118, 119
Dyson, F. 63

Eccles, J. 54
Eigen, M. 41, 83, 113

Fischer, E. H. 83
Freud, S. 54, 119
Fromm, E. 54

Gardner 34
Gipper, H. 33, 34

Haeckel, E. 50, 83, 109
Hansen, K. 67
Havemann, R. 37
Heckmann, O. 17, 59
Hegel, G. W. F. 43
Hubble, E. P. 17, 58
Humboldt, W. v. 33

Illies, J. 25, 32, 35, 36, 96, 101, 104, 108

Jantsch, E. 84, 107, 109
Jonas, H. 109
Junker, R. 8, 70

Kahane, E. 16
Kaminski, J. 8
Kant, I. 43
Kaplan, R. W. 35, 36, 40
Keith, A. 18
Kübler-Ross, E. 41
Küppers, B.-O. 17, 77, 79, 82, 90, 91, 92
Kuhn, H. 83, 90
Kuhn, T. S. 27

Läpple, A. 25
Lasalle, F. 118

Lessing, G. E. 43
Lightfoot, J. 112
Lorenz, K. 15, 32, 53, 96, 113

Marquard, B. 33
Mayr, E. 84
Mc Kay, D. M. 80
Mohr, H. 16, 39, 41, 56, 104
Monod, J. 29, 64, 65, 78

Nee, W. 54
Neidhardt, J. 55
Nietzsche, F. 64, 113

Oeing-Hanhoff, L. 21
Osche, G. 67, 69

Padberg, L. v. 48
Pauli, W. 27
Penzlin, H. 17, 118, 119
Peters, D. S. 50, 68
Pittendrigh, C. S. 119
Pörschke, D. 15
Popper, K. R. 9, 10, 11, 12, 26, 27
Pot, P. 56
Premark 34

Rensch, B. 15, 17, 32, 35, 36, 50
Riedl, R. 29
Rohrbach, H. 101
Ryle, G. 89

Sachsse, H. 102
Schaefer, H. 21
Scherer, S. 70
Siewing, R. 14, 68, 95
Skinner, C. B. 53
Stegmüller, W. 9
Süßmilch, J. P. 34

Tanner, W. 39, 40, 41

Ussher, J. 112

Wahlert, G. u. W. 83
Watson, J. B. 53
Weinberg, S. 60, 96
Weizsäcker, C. F. v. 39, 101, 102
Westermann, C. 101
Wieland, W. 27
Wiener, N. 92
Wuketits, F. M. 14, 52, 60, 64, 95

Zeier, H. 53